Wilson Moisés Paim

Custos e Orçamento em Serviços de Hospitalidade
Uma Visão Operacional

1ª Edição

Av. Dra. Ruth Cardoso, 7221, 1º Andar, Setor B
Pinheiros – São Paulo – SP – CEP: 05425-902

SAC Dúvidas referente a conteúdo editorial, material de apoio e reclamações:
sac.sets@somoseducacao.com.br

Direção executiva	Flávia Alves Bravin
Direção editorial	Renata Pascual Müller
Gerência editorial	Rita de Cássia S. Puoço
Editora de aquisições	Rosana Ap. Alves dos Santos
Editoras	Paula Hercy Cardoso Craveiro
	Silvia Campos Ferreira
Assistente editorial	Rafael Henrique Lima Fulanetti
Produtor editorial	Laudemir Marinho dos Santos
Serviços editoriais	Juliana Bojczuk Fermino
	Kelli Priscila Pinto
	Marília Cordeiro
Preparação	Denise Saú
Diagramação	LE1 Studio Design
Capa	Maurício S. de França
Impressão e acabamento	Log&Print Gráfica e Logística S.A.

DADOS INTERNACIONAIS DE CATALOGAÇÃO NA PUBLICAÇÃO (CIP)
(CÂMARA BRASILEIRA DO LIVRO, SP, BRASIL)

Paim, Wilson Moisés
  Custos e orçamento em serviços de hospitalidade: uma visão operacional / Wilson Moisés Paim. – 1. ed. – São Paulo: Érica, 2014.

  Bibliografia
  ISBN 978-85-365-0815-3

  1. Administração financeira 2. Contabilidade de custos 3. Hospitais - Administração 4. Hospitais - Contabilidade 5. Hospitais - Controle de custos 6. Hospitais - Finanças I. Título.

14-06402   CDD-362.10681

Índices para catálogo sistemático:
  1. Custos: Gestão: Hospitais: Organizações de saúde: Administração   362.10681
  2. Orçamento: Gestão: Hospitais: Organizações de saúde: Administração   362.10681

Copyright © Wilson Moisés Paim
2019 Saraiva Educação
Todos os direitos reservados.

1ª edição
4ª tiragem: 2019

Nenhuma parte desta publicação poderá ser reproduzida por qualquer meio ou forma sem a prévia autorização da Saraiva Educação. A violação dos direitos autorais é crime estabelecido na Lei n. 9.610/98 e punido pelo art. 184 do Código Penal.

CO 15467   CL 640579   CAE 584984

Agradecimentos

Gostaria de agradecer imensamente a todos aqueles que contribuíram para a viabilização desta obra, em especial aos professores David Lord Tuch, como fonte inspiradora deste trabalho, Alexandre Romão e Olívia Ribeiro, e também a Gabriela Bernardino Valério e Gilka Valadares Bernardino, pelas contribuições críticas.

Este livro possui material digital exclusivo

Para enriquecer a experiência de ensino e aprendizagem por meio de seus livros, a Saraiva

Educação oferece materiais de apoio que proporcionam aos leitores a oportunidade de ampliar seus conhecimentos.

Nesta obra, o leitor que é aluno terá acesso ao gabarito das atividades apresentadas ao longo dos capítulos. Para os professores, preparamos um plano de aulas, que o orientará na aplicação do conteúdo em sala de aula.

Para acessá-lo, siga estes passos:

1) Em seu computador, acesse o link: http://somos.in/COS1

2) Se você já tem uma conta, entre com seu login e senha. Se ainda não tem, faça seu cadastro.

3) Após o login, clique na capa do livro. Pronto! Agora, aproveite o conteúdo extra e bons estudos!

Qualquer dúvida, entre em contato pelo e-mail suportedigital@saraivaconecta.com.br.

Sobre o autor

Wilson Moisés Paim é administrador de empresas, consultor, pesquisador e professor do curso de Pós-Graduação em Administração e Controladoria da Universidade Metodista de São Paulo e professor de Graduação dos cursos de Turismo, Hotelaria e Eventos do Complexo Educacional FMU, ministrando aulas nas áreas Contábil e Financeira.

Cursou Administração de Empresas na Faculdade Oswaldo Cruz, formando-se em 1996. Concluiu o seu curso de Pós-Graduação em Administração Contábil-Financeira em 2002, na Fundação Armando Álvares Penteado – FAAP. Atualmente, é mestrando em Administração na Universidade Metodista de São Paulo.

Gestor Financeiro e de Projetos na Guest Hotelaria, desde 2007.

Autor dos artigos: Reflexões sobre a crise e o setor hoteleiro. *Mix Hotel ABIH*, São Paulo, p. 36–37, 2008. Receituário para um turismo sustentável. *Revista Custo Brasil*, Rio de Janeiro, p. 92–96, 2007.

Sumário

Capítulo 1 – Introdução à Contabilidade Financeira, de Custos e Gerencial 11

    1.1 Contabilidade financeira 12

        1.1.1 Patrimônio 12

        1.1.2 Estrutura patrimonial 14

        1.1.3 Demonstrações financeiras 14

    1.2 Fundamentos da contabilidade de custos 23

    1.3 Regras básicas da contabilidade de custos 24

    1.4 Objetivos da contabilidade de custos 25

    1.5 Terminologias aplicadas à contabilidade de custos 25

    1.6 Contabilidade gerencial 26

    1.7 O sistema uniforme de contabilidade para hotéis 28

    1.8 Indicadores da indústria hoteleira 31

        1.8.1 Índices de atividade e operação 33

        1.8.2 Índices financeiros 41

        1.8.3 Índices de rentabilidade 44

    Agora é com você! 48

Capítulo 2 – Conceitos e Classificações dos Gastos 51

    2.1 Conceito de gastos 51

    2.2 Conceito de custos e despesas 53

    2.3 Comportamento dos custos e despesas 55

        2.3.1 Custos e despesas fixos 55

        2.3.2 Custos e despesas variáveis 56

        2.3.3 Custos e despesas mistos 57

    Agora é com você! 59

Capítulo 3 – Administração e Tomada de Decisão Sobre os Gastos 61

    3.1 Administração dos gastos 61

    3.2 Tomada de decisão sobre os gastos 63

    Agora é com você! 66

Capítulo 4 – Sistemas de Apuração dos Gastos 69

    4.1 Conceito 69

    4.2 Tipologia dos sistemas de custeio 70

        4.2.1 Custeio por absorção 70

        4.2.2 Custeio baseado em atividades (ABC) 78

        4.2.3 Custeio variável 83

4.2.4 Métodos de avaliação do estoque 86

4.2.5 Algumas considerações sobre os métodos de avaliação do estoque 93

Agora é com você! 96

Capítulo 5 – Custo-Volume-Lucro e Ponto de Equilíbrio 99

5.1 Conceito 99

5.2 Margem de contribuição (MC) 101

5.3 Ponto de equilíbrio 102

5.3.1 Equação da receita no ponto de equilíbrio em CVL simples 103

5.3.2 Equação do volume de vendas no ponto de equilíbrio em CVL Simples 103

5.3.3 Cálculo do ponto de equilíbrio 103

5.4 Margem de segurança 108

5.5 Considerações sobre alteração do preço e do gasto variável 109

Agora é com você! 110

Capítulo 6 – Formação de Preços 115

6.1 Conceito 115

6.2 Métodos informais 116

6.3 Métodos formais 116

6.4 Formação do preço de venda utilizando o *markup* 117

6.5 Formação do preço de venda utilizando o método de Inversão 119

6.6 Algumas considerações sobre o método de inversão 122

Agora é com você! 123

Capítulo 7 – Planejamento Financeiro Orçamentário 127

7.1 Conceito 127

7.2 Tipos de planejamento 128

7.2.1 Planejamento estratégico 129

7.2.2 Planejamento tático 130

7.2.3 Planejamento operacional 131

7.3 Orçamentos estáticos e flexíveis 132

7.4 Previsão do volume de vendas 133

7.5 Métodos de progressões temporais 133

7.5.1 Progressão simples 134

7.5.2 Análise horizontal 134

7.6 Métodos formais 136

7.7 Elaboração das projeções financeiras 138

Agora é com você! 142

Bibliografia 144

Apresentação

A proposta deste livro é proporcionar um trabalho direcionado ao estudo sobre os temas relacionados a custos e orçamentos, com foco nos empreendimentos voltados para os meios de hospedagem, eventos e gestão em saúde, a fim de propiciar aos ingressantes ou profissionais desses segmentos uma visão básica dos aspectos financeiros no âmbito operacional.

A característica preponderante desta obra é o desenvolvimento de uma linguagem mais próxima do universo da indústria da hospitalidade, de modo a facilitar o aprendizado sobre as rotinas financeiras ligadas a esses ambientes, garantindo a compreensão quanto aos conteúdos a serem debatidos no nível técnico, ao mesmo tempo em que propicia as habilidades e competências fundamentais no processo de ensino-aprendizagem.

Com a pretensão de fazer com que esse processo seja didático, o livro foi estruturado da seguinte maneira:

Capítulo 1 – Introdução à Contabilidade Financeira, à Contabilidade de Custos e à Contabilidade Gerencial – discute os aspectos básicos da contabilidade financeira por, ser a base de discussão dos temas relacionados às finanças, passando pela contabilidade de custos para, enfim, entrar no tema contabilidade gerencial. No tocante à contabilidade gerencial, aborda de maneira analítica os principais indicadores do setor hoteleiro. Apesar de ser um capítulo introdutório, expõe situações que podem aproximar o leitor sobre as análises operacionais das áreas que são objetivadas neste estudo.

Capítulo 2 – Conceitos e Classificações dos Gastos – são abordados a natureza, a tipologia e o comportamento dos custos e despesas inerentes aos mercados hoteleiro, de eventos e de saúde. O objetivo desta discussão é mostrar ao leitor as diferenças fundamentais entre os custos e as despesas e também a importância em absorver esses conceitos, principalmente no que tange à formação de preço do produto ou serviço.

Capítulo 3 – Com base nos aspectos conceituais sobre custos e despesas, este capítulo aborda o tema **Administração e Tomada de Decisão sobre os Gastos**, a partir de situações propostas nas atividades, no sentido de incitar a reflexão e, ao mesmo tempo, permitir o debate sobre determinadas situações na rotina operacional desses segmentos.

Capítulo 4 – Sistemas de Apuração dos Gastos – o leitor poderá observar a importância de se atribuírem custos a cada produto, com o objetivo de mitigar as distorções que normalmente ocorrem. São apresentados os sistemas de custeio por absorção, ABC e custeio variável, uma vez que possuem aplicabilidade com os segmentos em questão e que lançam luz sobre os processos desnecessários nas atividades empresariais, permitindo ao administrador minimizar os desperdícios de recursos nas organizações.

No presente capítulo, são abordadas, ainda, nas atividades propostas, diferentes situações sobre a rotina das organizações, para que o leitor possa contextualizar as práticas operacionais, refletir sobre redução de custos de operação, além de se situar em relação aos impactos que determinadas ações podem ter na dinâmica operacional dos empreendimentos voltados à prestação de serviços em hospitalidade.

Capítulo 5 – Custo-Volume-Lucro e Ponto de Equilíbrio – retoma o sistema de custeio variável, possibilitando o debate sobre CVL e ponto de equilíbrio. Por se tratar de uma ferramenta puramente gerencial, discute o CVL no universo de empresas voltadas ao lazer e entretenimento, meios de hospedagem, além de bares e restaurantes. Espera-se, com essa discussão, possibilitar ao leitor a ampliação de seu senso crítico para os diversos cenários em que se pode trabalhar com a referida ferramenta, ao mesmo tempo em que desperta nele uma visão holística sobre esses empreendimentos.

Capítulo 6 – Na sequência à ferramenta do CVL, este capítulo – **Formação de Preços** – aborda as bases conceituais deste processo, bem como apresenta os métodos informais ou de mercado como variável importante na discussão, porém o enfoque foi direcionado para os métodos formais. Neste capítulo, é discutida a metodologia de formação de preço pelo *markup*, pois é um método bastante difundido, e é apresentado o Método de Inversão como ferramenta aderente às necessidades do segmento.

Capítulo 7 – Planejamento Financeiro Orçamentário – encerra a discussão, abordando as bases conceituais do orçamento, discutindo os tipos de planejamento no âmbito estratégico – que se relaciona à alta direção –, o orçamento tático – que fica mais no âmbito do médio escalão, ou seja, o nível gerencial –, e, por fim, o orçamento operacional – que está direcionado à atividade rotineira das organizações. São debatidos, ainda, os orçamentos estáticos e os flexíveis, além das previsões de vendas, que foram articuladas com as progressões temporais simples e horizontalizadas, bem como o uso dos métodos formais, por exemplo, as ferramentas estatísticas para auxiliar nas projeções orçamentárias.

Há também os exemplos e atividades práticas direcionadas às discussões sobre os meios de hospedagem, lazer e entretenimento, além do setor de gestão em saúde, com a preocupação de trazer as vivências da rotina profissional, sem abrir mão dos aspectos teóricos, para que o leitor busque as devidas referências, com o intuito de dirimir as dúvidas que venham a surgir no processo de construção do conhecimento.

É possível perceber, na sequência dos capítulos, o direcionamento para as áreas específicas em estudo, buscando situações que melhor correspondam ao contexto da discussão. Desta maneira, foram elaboradas situações para análise e reflexão, trabalhando com uma quantidade racional de dados, a fim de não tirar o foco analítico dos casos em estudo e de não comprometer o aprendizado proposto.

Um exemplo disso pode ser verificado no Capítulo 3, cuja discussão que norteia o tema é a relação custo-benefício, utilizando os gastos como pano de fundo para a tomada de decisão. Optou-se por não trazer um infindável número de variáveis, pois o que se propõe é uma análise reflexiva sobre os problemas.

O Capítulo 5 procura simular situações que representam cenários alternativos e que devem ser analisadas no que concerne à determinação do esforço de vendas da empresa. Por conta disso, as atividades propostas nesse capítulo visam buscar esse entendimento sem provocar embaraços no aprendizado nem tampouco promover acúmulos de casos a desenvolver.

No Capítulo 6, os instrumentos utilizados para formação de preço foram trabalhados de maneira a propiciar ao leitor o seu entendimento e compreensão, dirimindo os dilemas que normalmente surgem quando se devem tomar decisões relativas às políticas de preços destas organizações, principalmente quando essa abordagem é feita pelo sistema de custeio variável.

O Capítulo 7 procura trabalhar a atividade de orçamento realizando um passo a passo, até culminar nas projeções propriamente ditas. Cabe ressaltar que um centro de convenções possui características de operação semelhantes às de um hotel, mas existem pontos diferentes e, por conta disso, cada empreendimento poderá proceder de maneira diferente, entre outras coisas, no aspecto orçamentário.

Essas diferenças também ocorrem em razão do porte, da cultura organizacional e da disponibilidade de recursos das empresas para criar sistemas de controles capazes de realizar os acompanhamentos necessários, garantindo a alimentação desses sistemas e permitindo que o administrador tenha absoluta condição para analisar e decidir com segurança.

Este trabalho foi desenvolvido, portanto, para atender a você, estudante, profissional em fase de aperfeiçoamento ou em qualquer outra situação, com o objetivo de suprir as necessidades quanto ao tema, de maneira pontual, e de agregar conhecimento sobre o assunto, preparando-o para um aperfeiçoamento maior.

O Autor

Introdução à Contabilidade Financeira, de Custos e Gerencial

Para começar

Neste capítulo, você irá estudar assuntos relacionados à contabilidade, em que serão abordados aspectos conceituais de contabilidade geral, patrimônio e sua estrutura nas empresas, além dos relatórios financeiros elaborados pelas organizações como forma de prestação de contas às partes interessadas. Além disso, estudará as bases conceituais da contabilidade de custos, as regras fundamentais de aplicabilidade e a relação da contabilidade gerencial com a contabilidade geral.

No universo corporativo, muitas são as questões que envolvem as finanças das organizações. Esses questionamentos se referem a aspectos relacionados ao desempenho, à posição patrimonial em um momento qualquer, a como foram captados os recursos que circulam na empresa, oriundos das atividades operacionais ou por intermédio de financiamentos, à sua aplicação e, por fim, aos instrumentos ou ferramentas utilizados para controle e gerenciamento do negócio (empresa).

Para que se possam buscar tais respostas, a contabilidade assume um papel importante na atividade econômica das empresas, seja no âmbito fiscal, no âmbito operacional ou no âmbito gerencial. Por meio de seus mecanismos e técnicas de aplicação, a contabilidade fornece informações importantes para todo e qualquer procedimento de decisão. Portanto, para melhor entender os aspectos da contabilidade de custos e das ferramentas utilizadas nos processos gerenciais de tomada de decisão, será necessário compreender os mecanismos da chamada contabilidade geral (financeira).

Assim, esta primeira parte trará um panorama geral da contabilidade financeira em suas abordagens, mostrando o foco central de observação e os elementos fundamentais de discussão sobre a contabilidade de custos e suas ferramentas usuais para tomada de decisão.

1.1 Contabilidade financeira

Também denominada contabilidade geral, a contabilidade é definida como um conjunto de instrumentos cuja finalidade é mensurar, registrar e interpretar toda e qualquer variação patrimonial de uma organização.

Na visão do Instituto Brasileiro de Contadores (Ibracon), com aprovação da Comissão de Valores Mobiliários, a contabilidade consiste em "um sistema de informação e avaliação destinado a prover seus usuários com demonstrações e análises de natureza econômica, financeira, física e de produtividade com relação à entidade objeto de contabilização" (Deliberação CVM 29/86).

Na perspectiva de Hilário Franco, a contabilidade é tratada como ciência que estuda, controla e interpreta os fatos incorridos na estrutura do patrimônio das entidades, a partir dos registros e demonstrações dos dados levantados, com o objetivo de evidenciar as variações patrimoniais ocorridas nas organizações.

Gouveia (2003) aborda o tema na perspectiva de que a contabilidade é a arte do registro dos eventos incorridos nas organizações, que são expressos em valores monetários, evidenciando esses reflexos na estrutura patrimonial da empresa, mostrando a situação econômico-financeira da empresa.

Ao se observar esses diferentes conceitos, o que está intrínseco em cada definição dada pelos autores remete ao aspecto da informação. Se a contabilidade é abordada como um sistema de informação, uma ciência ou uma arte, o centro da questão permeará sempre o aspecto da informação, ou seja, a contabilidade surge para prestar informações de ordem econômica e financeira de toda a variação patrimonial das organizações.

Desta maneira, para se alcançar um nível de compreensão quanto à operacionalização da contabilidade (prática), devem-se compreender os aspectos relacionados ao objeto central da contabilidade, o patrimônio das organizações.

Amplie seus conhecimentos

A história da contabilidade está intimamente relacionada com o desenvolvimento do ser humano na sociedade, bem como com a preocupação do homem em controlar o seu patrimônio. Para melhor entendimento do desenvolvimento dessa ciência, acesse: <http://www.youtube.com/watch?v=3rijdn6L9sQ> e assista à história do número 1.

1.1.1 Patrimônio

Normalmente, a palavra patrimônio, para os leigos, está associada a uma série de bens que um indivíduo possa ter em seu nome. No senso comum, segundo Moura (2010), a terminologia está associada a uma série de bens que um indivíduo ou organização possa ter.

Entretanto, na linguagem contábil, na perspectiva de Marion (2004), o patrimônio de uma organização qualquer ou pessoa física irá remeter a todo conjunto de bens (imóveis, mobiliários, veículos, entre outros), direitos (todo e qualquer valor que a empresa tenha a receber, em razão de suas atividades), além de suas obrigações (salários dos funcionários, financiamentos bancários, fornecedores, tributos federais, estaduais, municipais, entre outros).

> **Fique de olho!**
>
> Bens: itens capazes de satisfazer as necessidades humanas e suscetíveis de avaliação econômica.
>
> Direitos: valores que a empresa tem a receber de terceiros (clientes, inquilinos etc.).
>
> Obrigações: valores que a empresa tem a pagar para terceiros (fornecedores, proprietários de imóveis, empregados, governo, bancos etc.) (MOURA, 2010, p. 15-18.)

Assim, esses elementos constituintes do patrimônio de uma organização deverão ser expressos graficamente de maneira organizada, de acordo com a legislação vigente, demonstrando a estrutura patrimonial e suas variações ao longo de um período de apuração, para que as partes interessadas tenham ciência dos controles e evoluções das contas que compõem essa estrutura por parte da empresa.

Figura 1.1 - Balanço anual de uma fazenda de propriedade do Estado, lavrada pelo escrivão responsável por artesãos: relato detalhado de matérias-primas e dias trabalhados, utilizado em uma oficina de cestaria. Clay, CA. 2040 a.C. (Ur III).

1.1.2 Estrutura patrimonial

Quando uma empresa já tem organizado o seu patrimônio, o próximo passo é estruturá-lo de tal forma que possibilite às partes interessadas compreender melhor o destino dos recursos da empresa. Para tanto, os elementos patrimoniais são divididos em positivos e negativos, e, por sua vez, irão formar a situação líquida.

A estrutura pode assim ser descrita:

Tabela 1.1 - Estrutura do patrimônio

Elementos positivos	Elementos negativos
Bens	Obrigações
» Dinheiro (caixa; banco)	» Tributos
» Imóvel	» Duplicatas a pagar
» Equipamentos de Informática	» Salários (funcionários)
» Móveis	» Empréstimos
Direitos	Situação líquida
» Duplicatas a receber	

Esse modo de organização será importante na elaboração dos relatórios contábeis, cabendo ainda ressaltar que, na estrutura patrimonial, Moura (2010) determina que tais elementos sejam tipificados qualitativamente (a natureza de cada elemento a ser evidenciado) e quantitativamente (atribuição de valores econômicos a cada elemento).

No tocante à situação líquida, poderão ocorrer três situações básicas que darão a dimensão do patrimônio da organização. São elas:

» **Situação líquida positiva:** quando os valores de bens e direitos forem superiores aos valores das obrigações.

» **Situação líquida negativa:** quando os valores dos bens e direitos forem inferiores aos valores das obrigações.

» **Situação líquida neutra:** quando os valores dos bens e direitos forem iguais aos valores das obrigações.

1.1.3 Demonstrações financeiras

As demonstrações financeiras são relatórios obrigatórios que as organizações devem apresentar como forma de prestar contas às partes interessadas. Para que elas tenham acesso às informações, as entidades devem apresentar suas demonstrações financeiras, com base nas normas das entidades reguladoras.

O Ibracon, em sua NPC 27 (Norma e Procedimento de Contabilidade), define as demonstrações contábeis como uma representação monetária estruturada das posições patrimonial e financeira em determinada data e das transações realizadas por uma entidade no período findo nessa data.

Tais demonstrações se referem a um conjunto de relatórios contábeis que devem ser providenciados de acordo com o artigo 176 da Lei n.º 6.404/76, que aborda o Balanço Patrimonial, a Demonstração do Resultado do Exercício, Demonstrativo do Fluxo de Caixa, Demonstração das Mutações do Patrimônio Líquido, Notas Explicativas, Parecer do Conselho Fiscal, Parecer dos Auditores Independentes, além do Relatório da Administração, uma vez que, de maneira direta ou indireta, serão a base de informações na contabilidade de custos.

1.1.3.1 Balanço Patrimonial

Caracteriza-se como a principal demonstração financeira das organizações. Para Ching, Marques e Prado (2010), trata-se de uma peça que apresenta um instantâneo da posição financeira da empresa em uma data específica.

A estrutura do Balanço Patrimonial apresenta, ao lado direito de sua representação gráfica, toda e qualquer origem de recursos, seja no curto prazo (inferior a doze meses, circulante) ou no longo prazo (superior a doze meses, não circulante). Na prática, isso significa dizer que a empresa pode captar recursos de terceiros (passivo) ou recursos próprios (patrimônio líquido), para que sejam aplicados em seu ativo em forma de bens, permitindo o aumento do fluxo de atividade da empresa e propiciando melhores resultados aos proprietários.

> **Fique de olho!**
>
> O simples fato de a empresa pagar o seu fornecedor a prazo, ou até mesmo de seu funcionário esperar por trinta dias para receber o salário, são formas de financiamento da atividade empresarial. Na contabilidade, esse tipo de captação de recurso da empresa, desde que guardados certos limites, é positivo.

É um relatório que mostra resumidamente todos os bens e direitos no ativo que a empresa possui, além das dívidas reconhecidas e não pagas no passivo, conforme a Tabela 1.2 (ver art. 178 da Lei n.º 6.404/76).

Tabela 1.2 - Balanço Patrimonial do Hotel Caminho Suave em 31/12/X0 (em R$)

Balanço patrimonial			
Ativo		**Passivo**	
Circulante		Circulante	
Disponibilidade	8.225.143	Fornecedores	760.104
Realizável em curto prazo	680.966	Salários e encargos	85.994
Estoque	214.591	Impostos a recolher	359.851
Outros créditos	6.400	Outras contas	5.621.624
Total circulante	9.127.100	Total circulante	6.827.573
Não circulante		Não circulante	
Realizável em longo prazo		Exigível em longo prazo	
Depósitos judiciais	16.179	Financiamento	34.990.320
Total realizável LP	16.179	Total não circulante	34.990.320

Introdução à Contabilidade Financeira, de Custos e Gerencial

Balanço patrimonial			
Ativo		Passivo	
Imobilizações		Patrimônio líquido	
Investimento	67.800	Capital social	29.233.803
Intangível	63.235	Reserva de capital	25.895.990
Imobilização técnica líquida	100.450.300	Lucro acumulado	12.776.928
Total imobilizado	100.581.335		
Total não circulante	100.597.514	Total patrimônio líquido	67.906.721
Total ativo	109.724.614	Total passivo	109.724.614

Como pode ser observado, esse relatório apresenta uma posição estática do patrimônio da empresa em 31 de dezembro de 2011, ou seja, nessa data, o valor dos bens, direitos e obrigações totaliza o montante de $ 109.724.614.

Entretanto, se quisermos conhecer a situação patrimonial líquida do hotel, basta somarmos o total do Ativo (circulante e não circulante) e o deduzirmos do Passivo (circulante e não circulante), o que mostrará uma situação de $ 67.906.727.

O Balanço Patrimonial é um relatório abrangente que permite visualizar uma série de informações econômico-financeiras das organizações, dependendo do tipo de análise que se queira fazer, além dos dados contemplados no referido documento.

1.1.3.2 Demonstração do resultado do exercício

É um relatório cujo desenvolvimento se dá concomitantemente ao Balanço Patrimonial. Para Ferrari (2008), é uma demonstração contábil que evidencia a situação econômica da organização, sendo apurado o resultado do negócio em um determinado período (CHING, MARQUES; PRADO, 2010).

Ele demonstra todos os valores auferidos em razão da atividade da organização, deduzidos os gastos relacionados a tributos (diretos e indiretos), e das operações (custos e despesas operacionais). O resultado será de lucro ou prejuízo no exercício, geralmente igual a um ano.

O Demonstrativo do Resultado do Exercício segue um padrão de estrutura para expor dados e informações, de acordo com o artigo 187 da Lei n.º 6.404/76, conforme se verifica na Tabela 1.3.

Tabela 1.3 - Demonstração do resultado do exercício do Hotel Caminho Suave em 31/12/X0 (em R$)

Demonstrativo do Resultado do Exercício – DRE	
Receitas brutas de vendas	$ 28.442.488
Dedução de vendas	-$ 775.830
Receitas líquidas de vendas	$ 27.666.658
Custos de vendas	-$ 8.420.600
Lucro bruto	$ 19.246.058
Despesas operacionais	-$ 4.627.120
Outras receitas	$ 2.917.826
Deduções de outras receitas	-$ 270.645
Resultado operacional	-$ 1.979.939
Lucro antes da CSLL/IRPJ	$ 17.266.119
Provisão CSLL	-$ 1.553.951
Provisão IRPJ	-$ 2.935.240
Resultado do exercício	$ 12.776.928

No exemplo do Hotel Caminho Suave, podemos verificar que o relatório se apresenta de forma dedutiva, ou seja, o início é representado pelas receitas (vendas) da empresa, precedidas das reduções pelos gastos com tributos e com as operações.

Neste contexto, só se pode afirmar contabilmente se a empresa obteve lucro ou prejuízo depois de realizar esses procedimentos. Para tanto, é necessário que se faça um levantamento diário de todo e qualquer evento contábil que possa ocorrer, ao mesmo tempo em que se registram estes fatos nos controles da empresa.

1.1.3.3 Demonstração do fluxo de caixa

Relatório contábil introduzido por força da Lei n.º 11.638/07, cuja obrigatoriedade se refere à companhia de capital aberto, bem como a organizações com patrimônio líquido que supere o valor de $ 2.000.000,00. Segundo Moura (2010), ele tem a finalidade de evidenciar os movimentos ocorridos em um dado período, trazendo alterações no saldo da conta caixa da empresa.

> **Fique de olho!**
>
> Companhia de capital aberto, segundo a Lei nº 6.404/76, é toda organização que possua ações ou debêntures negociadas em bolsa de valores ou no mercado balcão, devendo, ainda, possuir registro na Comissão de Valores Mobiliários – CVM.

Em outras palavras, o relatório contábil é um documento que demonstra o fluxo financeiro em que ocorrem todas as movimentações de entradas e saídas de recursos da organização. As informações contidas nesse relatório, em um processo de análise, devem ser comparadas às de outros relatórios financeiros, com o objetivo de verificar a real capacidade de geração de caixa da empresa.

Introdução à Contabilidade Financeira, de Custos e Gerencial

A estrutura da demonstração de fluxo de caixa deve seguir um padrão que atenda à necessidade de evidenciar tais informações, pois a legislação vigente não estabelece uma estrutura-padrão a ser seguida. Os padrões internacionais, porém, estruturam o referido relatório com os seguintes itens:

a) atividades operacionais: consiste em toda e qualquer movimentação que venha ao encontro da atividade-fim da organização. Utilizando como exemplo um hotel, todo recebimento em razão das vendas, pagamento de fornecedores de bens (estoque de alimentos e bebidas) e serviços para funcionamento da atividade da empresa (água, energia elétrica) e pagamento dos salários dos funcionários se referem às atividades rotineiras do empreendimento, que interferem diretamente no saldo da conta caixa.

b) atividades de investimentos: consistem nas movimentações incorridas com ativos financeiros, compra ou venda de participação em outras empresas (participação acionária), bem como em aquisições de bens para reposição e funcionamento do hotel (compra de móveis, equipamentos de áudio e vídeo), que tenham relação com a atividade-fim do empreendimento.

c) atividades de financiamento: consistem nos meios para captação de recursos por parte dos acionistas ou cotistas, devolvendo na forma de lucro ou dividendos, além da captação de empréstimos ou qualquer outra modalidade de recursos, apurando a amortização e a remuneração por meio dos juros.

O demonstrativo de fluxo de caixa apresenta as fontes de recursos (origens) e os investimentos realizados (aplicações), para compor o saldo da conta caixa. Trata-se de um relatório que tem como fonte de informação o balanço patrimonial e o demonstrativo do resultado do exercício.

> **Fique de olho!**
>
> Basicamente, as empresas possuem duas grandes fontes de captação de recursos financeiros: capital próprio (acionistas ou cotistas) e capital de terceiros (instituições financeiras).

Quanto aos métodos utilizados na elaboração do demonstrativo de fluxo de caixa, podem ser adotados o indireto e o direto.

O método indireto refere-se aos recursos oriundos das atividades-fim da empresa, cujo processo de cálculo se inicia com a inclusão do lucro do exercício, em que se ajustam a adição das despesas e a exclusão das receitas que não interferiram no saldo da conta caixa, ou seja, que não alteraram o saldo do caixa.

Também devem ser excluídas as receitas que foram recebidas de maneira antecipada (realizadas no período atual, mas recebidas no período anterior), além dos bens relacionados ao ativo permanente (bens móveis, equipamentos etc.), pois essas baixas deverão ser consideradas pelo valor bruto no item "atividades de investimento". A Tabela 1.4 ilustra a estrutura do demonstrativo de fluxo de caixa pelo método indireto.

Tabela 1.4 - Estrutura do fluxo de caixa pelo método indireto (em R$)

Descrição	Exercício atual	Exercício anterior
1. Atividades operacionais		
Lucro do exercício	$	$
Ajustes para conciliação	$	$
Depreciação e amortização	$	$
Resultado na venda de ativos não circulantes	$	$
Recebimento de lucros/dividendos	$	$
Variações de ativos e passivos	$	$
(Aumento) ou redução em contas a receber	$	$
(Aumento) ou redução em estoques	$	$
(Aumento) ou redução em despesas antecipadas	$	$
(Aumento) ou redução em fornecedores	$	$
(Aumento) ou redução em contas a pagar e provisões	$	$
(Aumento) ou redução com impostos	$	$
Disponibilidades líquidas geradas pela atividade operacional	$	$
2. Atividades de investimento		
Aquisição de imobilizado	$	$
Aquisição de ações/cotas	$	$
Recebimento de ativos não circulantes	$	$
Disponibilidades líquidas geradas pela atividade operacional	$	$
3. Atividades de financiamentos		
Integralização de capital	$	$
Pagamentos de lucros/dividendos	$	$
Empréstimos e financiamentos adquiridos	$	$
Pagamento de empréstimos/debêntures	$	$
Juros recebidos de empréstimos	$	$
Juros pagos de empréstimos	$	$
Disponibilidades líquidas geradas pela atividade operacional	$	$
4. Aumento (redutivo) nas disponibilidades (soma de 1, 2 e 3)	$	$
5. Disponibilidade inicial	$	$
6. Disponibilidade final (soma de 4 e 5)	$	$

Fonte: Adaptado de Moura, 2010.

Já no método direto, os recursos a serem considerados deverão ser, a partir dos recebimentos das vendas, confrontados com os pagamentos efetuados em certo período, referente à atividade fim da empresa. A Tabela 1.5 demonstra a estrutura do método direto de fluxo de caixa.

Tabela 1.5 - Estrutura do fluxo de caixa pelo método direto (em R$)

Descrição	Exercício atual	Exercício anterior
1. Atividades operacionais		
Valores recebidos dos clientes	$	$
Pagamento a fornecedores	$	$
Pagamento de impostos e contribuição social	$	$
Pagamento de contingências	$	$
Recebimento de reembolsos (seguros)	$	$
Recebimento de lucros/dividendos	$	$
Outros recebimentos (pagamentos) líquidos	$	$
Disponibilidades líquidas geradas pela atividade operacional	$	$
2. Atividades de investimento		
Aquisição de imobilizado	$	$
Aquisição de ações/cotas	$	$
Recebimento de ativos não circulantes	$	$
Disponibilidades líquidas geradas pela atividade operacional	$	$
3. Atividades de financiamento		
Integralização de capital	$	$
Pagamento de lucros/dividendos	$	$
Empréstimos e financiamentos adquiridos	$	$
Pagamento de empréstimos/debêntures	$	$
Juros recebidos de empréstimos	$	$
Juros pagos de empréstimos	$	$
Disponibilidades líquidas geradas pela atividade operacional	$	$
4. Aumento (redutivo) nas disponibilidades (soma de 1, 2 e 3)	$	$
5. Disponibilidade inicial	$	$
6. Disponibilidade final (soma de 4 e 5)	$	$

Fonte: Adaptado de Moura, 2010.

Como pode ser observado, a diferença significativa entre os dois métodos ocorre no campo das atividades operacionais, em que a abordagem entre um e outro se difere na metodologia de apuração do caixa da empresa, pois, no método indireto, parte-se do lucro para se chegar ao saldo em caixa e, no método direto, a atividade rotineira do empreendimento irá se concentrar nas entradas e saídas de recursos.

1.1.3.4 Demonstração das mutações do patrimônio líquido

É um relatório que busca evidenciar toda e qualquer movimentação nas contas relacionadas somente ao patrimônio líquido, em um determinado período. A apresentação desse relatório por parte das entidades é facultativa, porém a Lei n.º 6.404/76 não estabelece um modelo-padrão de demonstração. A Tabela 1.6 ilustra a estrutura desse relatório.

Tabela 1.6 - Estrutura da demonstração das mutações do patrimônio líquido (em R$)

	Capital social	Reservas de capital	Reservas de lucros	Lucros acumulados	Ações em tesouraria	Total
Saldo anterior	$	$	$	$	$	$
Compra de ações próprias	$	$	$	$	$	$
Lucro líquido do exercício	$	$	$	$	$	$
Constituição de reservas	$	$	$	$	$	$
Dividendos	$	$	$	$	$	$
Realização de reserva de reavaliação	$	$	$	$	$	$
Saldo atual	$	$	$	$	$	$

Este relatório apresenta os saldos das contas referentes apenas ao patrimônio líquido a partir das movimentações ocorridas durante o período, mostrando o aumento ou redução do saldo patrimonial da empresa em razão das atividades operacionais, representados pela conta lucro do exercício.

1.1.3.5 Notas explicativas às demonstrações financeiras

As demonstrações financeiras elaboradas pelas organizações, segundo a Lei n.º 6.404/76, devem ser precedidas obrigatoriamente por notas que venham a elucidar os eventos contábeis verificados no período apurado. O objetivo desse documento é promover maior transparência das práticas contábeis adotadas para avaliar a situação patrimonial da empresa.

Para Moura (2010), as notas explicativas facilitam as interpretações referentes aos dados inseridos nas demonstrações. Para efeito de publicação, o padrão de informação deve estar de acordo com a Lei n.º 11.941/09, artigo 176, parágrafo 5.º, que determina:

1) Apresentar informações sobre a base de preparação das demonstrações financeiras e das práticas contábeis específicas selecionadas e aplicadas para negócios e eventos significativos.

2) Divulgar as informações exigidas pelas práticas contábeis adotadas no Brasil que não estejam apresentadas em nenhuma outra parte das demonstrações financeiras.

3) Fornecer informações adicionais não indicadas nas próprias demonstrações financeiras e consideradas necessárias para uma apresentação adequada.

4) Indicar:

a) os principais critérios de avaliação dos elementos patrimoniais, especialmente estoques, dos cálculos de depreciação, amortização e exaustão, de constituição de provisões para encargos ou riscos, e dos ajustes para atender a perdas prováveis na realização de elementos do ativo;

b) os investimentos em outras sociedades, quando relevantes (art. 247, parágrafo único);

c) o aumento de valor de elementos do ativo resultante de novas avaliações (art. 182, § 3.º);

d) os ônus reais constituídos sobre elementos do ativo, as garantias prestadas a terceiros e outras responsabilidades eventuais ou contingentes;

e) a taxa de juros, as datas de vencimento e as garantias das obrigações em longo prazo;

f) o número, as espécies e as classes das ações do capital social;

g) as opções de compra de ações outorgadas e exercidas no exercício;

h) os ajustes de exercícios anteriores (art. 186, § 1.º); e

i) os eventos subsequentes à data de encerramento do exercício que tenham, ou possam vir a ter, efeito relevante sobre a situação financeira e os resultados futuros da companhia.

1.1.3.6 Parecer do conselho fiscal

Refere-se a membros que não pertencem ao quadro funcional da empresa, cuja responsabilidade é verificar se os dados contidos nas demonstrações financeiras estão corretos, para submissão na assembleia dos acionistas. Segundo o IBGC (2007), a finalidade desse órgão é assegurar que a sociedade atenda aos objetivos contidos no contrato social da empresa, de modo a proteger o patrimônio e o retorno aos acionistas, bem como proporcionar mais segurança aos fornecedores da organização.

1.1.3.7 Parecer dos auditores independentes

A auditoria é um procedimento utilizado para verificar se as práticas contábeis adotadas pela organização estão de acordo com a legislação vigente. A finalidade deste trabalho é promover maior transparência no tocante à posição patrimonial da empresa e, ao seu final, profissionais em auditoria contábil emitem um parecer técnico (favorável ou não) quanto às demonstrações financeiras da entidade.

As sociedades anônimas de capital aberto ou fechado ficam obrigadas a contratar o serviço de auditoria independente (externo) para que sejam feitos esses procedimentos nas demonstrações da entidade, e a opinião do profissional contratado deve versar sobre as posições patrimonial e financeira, sobre o resultado das atividades no período apurado, sobre as mudanças ocorridas na estrutura do patrimônio líquido e, ainda, sobre as origens e aplicações dos recursos utilizados pela entidade.

1.1.3.8 Relatório da administração

Este relatório demonstra a prestação de contas da alta administração da empresa para com a sociedade. Segundo Ching, Marques e Prado (2010), as informações contidas nesse documento se referem, entre outros temas, às conjunturas macro e microeconômica e aos reflexos no fluxo da atividade empresarial da entidade, aos resultados alcançados em razão dos esforços empreendidos e às ações relacionadas à introdução e ao desenvolvimento de novos produtos e mercados.

Também são apresentadas informações sobre ampliação ou redução de investimentos na empresa, posicionamento de mercado e, em alguns casos, sobre as políticas de gestão de pessoas. Cada gestor em cada empresa pode apresentar esse relatório com maior ou menor grau de transparência (também conhecida como *disclosure*).

Entretanto, cabe ressaltar que, quanto maior for a transparência do administrador para com as partes interessadas, maior será a percepção de confiabilidade do mercado em relação às ações da empresa. Esse fato é de extrema relevância, pois, no universo empresarial, as preocupações com a transparência e com as boas práticas de governança são prerrequisitos para uma empresa alcançar solidez e confiança.

Assim, os elementos discutidos na contabilidade geral serão determinantes para as discussões sobre a contabilidade de custos, principalmente no que se refere ao uso das ferramentas de gestão dos gastos nos processos de tomada de decisão corporativa nas organizações.

1.2 Fundamentos da contabilidade de custos

Em uma era em que a informação circula muito rápido, cujo tempo de resposta deve ser cada vez menor, as organizações perceberam a necessidade de obter dados muito mais precisos, para fazer análises com mais propriedade e tomar decisões mais acertadas.

Entretanto, essa necessidade remete ao início da Revolução Industrial, em que a dinâmica era muito diferente do que se observa neste século, pois já apresentava demandas. Como citado por Martins (2010), a contabilidade estava voltada para o ramo comercial, pois fora desenvolvida na estrutura mercantilista.

Com o surgimento da indústria, novas abordagens se desenvolveram em função das necessidades e demandas oriundas do segmento fabril, com o intuito de analisar os dados evidenciados nos relatórios dessas organizações, permitindo a possibilidade de os meios acadêmicos apresentarem várias técnicas ou sistemas que pudessem gerar interpretações de maneira mais precisa quanto aos dados de ordem econômico-financeira.

Na perspectiva de Martins (2010), essas demandas estavam também relacionadas aos problemas de mensuração monetária dos estoques e do resultado, sem que houvesse a intenção de fazer desse ramo da contabilidade um instrumento de administração.

Esse fato, de maneira indireta, permitiu que outros setores econômicos pudessem se apropriar desses conceitos e adaptá-los à realidade que cada organização vivenciava, a fim de extrair dados mais consistentes para decisões gerenciais.

Martins (2010) percorre esse cenário citando alguns setores da economia que não são tipicamente industriais, como as instituições financeiras, as empresas comerciais e as firmas de prestação de serviços, em que o seu uso para efeito de balanço era praticamente irrelevante e, em razão da ausência do estoque, passou-se a explorar os vários tipos de informações para controle e tomada de decisão.

Neste caso, a contabilidade de custos é denominada, na concepção de Leone (2000), como uma derivação da contabilidade financeira destinada a prestar informações para os mais diversos níveis gerenciais das organizações, auxiliando na determinação do desempenho, do planejamento e do controle do fluxo de atividade, bem como na tomada de decisão.

Maher (2001) trata a contabilidade de custos como um ramo da contabilidade que mede, registra e relata as informações sobre custos. Ao confrontar as definições dos autores, verifica-se que a contabilidade de custos transita pelos aspectos da contabilidade geral ou financeira, no que concerne à técnica pura de aplicação da contabilidade, assim como pelos aspectos gerenciais, quando se aborda a prestação de informações para os vários níveis de gestão, para oferecer suporte na formulação do desempenho e planejamento das decisões organizacionais.

Assim, segundo Martins (2010), novas abordagens sobre esse tema nas organizações, principalmente com o uso de sistema modernos de custeio, ajudam a propagar o uso da contabilidade de custos em empresas não industriais.

1.3 Regras básicas da contabilidade de custos

A aderência da contabilidade de custos à contabilidade geral se faz também nos princípios (regras) fundamentais, que devem ser observados no exercício prático da gestão dos custos organizacionais. A Tabela 1.7 sintetiza os aspectos conceituais de aplicabilidade na contabilidade de custos.

Tabela 1.7 - Aspectos conceituais de aplicabilidade de custos

Princípio	Definição	Observação
Realização da receita	Reconhece-se contabilmente o resultado de lucro ou prejuízo, quando houver uma receita.	Normalmente, ocorrem em empreendimentos industriais. Por meio dessa regra, observa-se a disparidade entre lucro econômico e lucro contábil.
Competência ou confrontação entre despesas e receitas	Reconhecem-se as receitas somente no momento em que elas ocorrem.	Princípio que irá reconhecer também as despesas incorridas para se fazer o produto ou serviço, quando ocorrer a receita.
Custo como base de valor	Reconhecem-se os valores originais dos bens, ou seja, deve ser registrado pelo valor real.	Bens e insumos quando reconhecidos na contabilidade em razão de compra de bens para concepção do produto a ser vendido.
Consistência ou uniformidade	Registro dos eventos contábeis por uma única fonte consistente, sem que haja mudanças constantes.	Em empresas em que há diversos parâmetros para lançar um determinado produto no estoque, a organização deve adotar o método mais fidedigno.
Prudência	Pressupõe adotar a cautela no lançamento contábil dos eventos.	Supondo-se que uma empresa deve aumentar o valor de seus bens, mas tem dúvidas em lançar entre o maior e o menor valor, deve-se optar por lançar o menor valor.
Materialidade ou relevância	Princípio que desobriga uma avaliação mais rigorosa sobre um item, em que o valor econômico é irrelevante no contexto geral.	A aplicabilidade desse princípio pressupõe o bom senso em estabelecer uma relação custo x benefício, para evidenciar determinados valores contábeis.

Fonte: Adaptado de Martins, 2010.

Cabe ressaltar que, no momento da aplicação dos processos de gestão de custos nas organizações, deverá ser permanente a observância dessas diretrizes fundamentais, para que os princípios contábeis sejam atendidos em sua plenitude.

1.4 Objetivos da contabilidade de custos

As constantes disputas das empresas por uma fatia maior no mercado ou até mesmo por vantagens competitivas ou qualquer tipo de inovação faz com que a variável de redução dos custos possa ser considerada fundamental neste processo.

Desenvolver a capacidade de conhecimento, além de acompanhar a evolução do custo, é abrir as portas para o aumento da competitividade, rentabilidade, bem como da viabilidade financeira e econômica da organização, mantendo a perpetuidade do negócio.

Por sua vez, a falta de informações sobre a composição dos custos pode levar ao desconhecimento do lucro e dos produtos, especialmente, daqueles que poderão trazer menor margem para as organizações.

Dessa maneira, os objetivos da contabilidade de custo, de acordo com Megliorini (2012), se concentram:

» na determinação dos custos dos insumos aplicados na concepção do produto;

» na apuração dos custos dos diversos setores das organizações;

» no controle das operações e das atividades;

» no suporte de políticas redutoras de desperdícios de materiais e de tempo ocioso;

» na elaboração de orçamentos.

Fique de olho!

As contribuições da contabilidade de custos se estendem a outros processos gerenciais nas empresas, como o auxílio na formação de preços de produtos ou serviços, os níveis de margens que cada produto oferece ao negócio, o esforço mínimo de trabalho para que se alcancem os objetivos, além do próprio gerenciamento dos gastos nas organizações, mas esse é um assunto a ser discutido no Capítulo 5.

1.5 Terminologias aplicadas à contabilidade de custos

Na literatura, encontram-se diversas terminologias adotadas para descrição dos gastos e suas variâncias na contabilidade de custos. Muitas obras foram publicadas com o foco voltado para as áreas comercial e industrial, ficando assim outros tantos segmentos de negócios com poucas obras específicas publicadas, como é o caso da área de hospitalidade.

Para melhor compreensão, deve-se ter em mente que toda saída de recursos da empresa será considerada como gasto. Trata-se de um termo que, sob a ótica de Tuch (2000), é utilizado em diferentes contextos, podendo ter diversos significados.

Esses gastos possuem, contudo, uma finalidade específica no contexto empresarial, pois podem ser destinados a investimentos estruturais (viabilização de um negócio) ou a operações (atividade rotineira) ligadas aos objetivos do negócio.

Conceitualmente, a nomenclatura gasto, segundo Martins (2010), está associada à aquisição de um produto ou serviço qualquer, que venha a gerar um sacrifício financeiro da organização, e que está representado por uma entrega ou promessa de entrega de ativos.

Na visão de Megliorini (2012), o termo está associado ao âmbito operacional, quando se refere a compromissos financeiros assumidos por uma empresa para a aquisição de matéria-prima para fabricação de produtos (industrial), de mercadoria para revenda (comércio), de recursos para a realização dos serviços e de recursos destinados às áreas de suporte.

Vale salientar que a palavra gasto é um termo genérico usado para designar suas tipologias, como custos, despesas, desembolsos, perdas e investimentos. Normalmente, os termos custos e despesas são utilizados sem dissociação, causando certa confusão quando abordados no contexto da contabilidade de custos.

1.6 Contabilidade gerencial

A contabilidade gerencial, assim como a contabilidade de custos, nasce da necessidade de se observar o comportamento das ações empreendidas pelas organizações, não apenas sob a égide da contabilidade financeira. O desenvolvimento deste ramo da contabilidade se confunde com o desenvolvimento econômico das sociedades e, em especial, com o próprio advento da indústria.

A necessidade de se criar instrumentos analíticos, tais como a análise das demonstrações financeiras e a contabilidade de custos, dentre outras, que permitissem ao administrador ter uma visão mais abrangente sobre o negócio a partir dos dados contábeis.

Esse fato fez com que, naquele período, aflorasse uma diversidade de trabalhos acadêmicos voltados para o desenvolvimento de ferramentas que pudessem proporcionar uma leitura mais gerencial das demonstrações contábeis, marcando o início do que se conhece atualmente como a contabilidade gerencial.

Figura 1.2 - Fila de barricas de madeira de cerveja, século XIX.

Conceitualmente, a contabilidade gerencial possui enfoque na informação contábil e em como ela poderá ser utilizada para fins de gerenciamento de uma organização, ou seja, abrange as etapas desde o registro até o gerenciamento dos recursos disponíveis, passando pelas atividades de operação, com o objetivo de oferecer suporte ao administrador, por meio das informações contábeis.

Iudícibus (1987) assim a define:

> [...] a contabilidade gerencial pode ser caracterizada, superficialmente, como um enfoque especial conferido a várias técnicas e procedimentos contábeis já conhecidos e tratados na contabilidade financeira, na contabilidade de custos, na análise financeira e de balanços etc., colocados em uma perspectiva diferente, em um grau de detalhes mais analítico ou em uma forma de apresentação e classificação diferenciada, de maneira a auxiliar os gerentes das entidades em seu processo decisório. (IUDÍCIBUS, 1987, p. 15)

Em outras palavras, isso se dá pelo uso das técnicas contábeis, em que se relacionam a avaliação econômica e financeira das empresas, o controle dos custos, a análise de processos, além dos orçamentos. Neste contexto, a contabilidade gerencial se volta para a elaboração de relatórios gerenciais que possibilitam atender aos usuários das informações contábeis de maneira detalhada, inclusive relacionando diversos subsistemas que serão objetos de análise pelo administrador.

As características que diferenciam a contabilidade gerencial da financeira podem ser verificadas no comparativo do Quadro 1.1:

Quadro 1.1 - Comparativo entre contabilidade financeira e contabilidade gerencial

Itens de comparação	Contabilidade financeira	Contabilidade gerencial
Usuários	Externos.	Internos.
Restrições	Obrigatoriedade em atender aos princípios fundamentais da contabilidade.	Sem obrigatoriedade de atender aos princípios da contabilidade. Apenas atendem às exigências dos usuários.
Nível de informação	Preciso e objetivo.	Oportuno, objetivo e subjetivo.
Frequência das informações	Periódica.	Não há frequência definida. Funciona de acordo com a necessidade do usuário.
Confidencialidade	Não existe. A publicação é obrigatória.	Existe. As informações têm fluxo apenas interno.
Aspectos temporais	Dados passados.	Dados futuros.
Aspectos comportamentais	Foco nas técnicas de mensuração e comunicação dos fatos econômicos. O impacto comportamental é um aspecto secundário.	Focos na maneira como os relatórios e as métricas poderão influenciar o comportamento do administrador.

Fonte: Adaptado de Atkinson, et al., 2000.

Essas comparações evidenciam a existência de divergências em razão dos objetivos de cada tipo de contabilidade, mas também há convergências, principalmente no que tange ao uso do sistema de informações contábeis e aos conceitos de administração, pois a visão dos trabalhos tem alcance no "todo", como pode ser observado na contabilidade financeira, como uma visão de trabalho mais fragmentado (contabilidade gerencial) da organização.

> **Amplie seus conhecimentos**
>
> Nas origens da contabilidade, a sua função era de registrar as transações comerciais dos mercadores de Veneza, na Itália, entre clientes e fornecedores situados em outras cidades. Naquela época, não se cogitava rotular o formato da contabilidade, pois esta tinha um caráter apenas informativo quanto ao registro dos negócios efetuados. Quando comparamos as características das contabilidades financeira e gerencial, verificamos que, ao final do século XV, a contabilidade apresentava um formato um pouco mais gerencial. Para saber mais, acesse:
> <http://www.portaldecontabilidade.com.br/tematicas/historia.htm>.

Assim, a contabilidade gerencial, ao longo do tempo, tornou-se um instrumento auxiliar para os processos decisórios nas empresas e evoluiu para outros setores da economia, como é o caso do segmento de serviços, em especial, o setor dos meios de hospedagem, que possuía necessidades específicas a serem atendidas.

1.7 O sistema uniforme de contabilidade para hotéis

Na década de 1920, surgiu nos Estados Unidos um sistema uniforme de contabilidade para hotéis, visando suprir a necessidade de observar o desempenho dos meios de hospedagem, utilizando a contabilidade financeira. Esse instrumento da contabilidade gerencial é proposto por proprietários e diretores de hotéis, na Associação de Hotéis de Nova York.

O *Uniform System of Accounts for Hotels* (USAH), conhecido no Brasil como Sistema Uniforme de Contabilidade Hoteleira (SUCH), representou um marco para o setor, pois criou um modelo de elaboração de contas contábeis específicas para os hotéis, proporcionando uma uniformização da linguagem, além de uma gestão de caráter mais analítico em diferentes empreendimentos.

Para Marques (2013), havia a preocupação dos gestores com a possibilidade de não se realizarem análises comparativas de desempenho entre diferentes negócios e departamentos hoteleiros, para obter subsídios em decisões futuras para os empreendimentos do setor, ou seja, não seria possível extrair informações para decisões operacionais e estratégicas para os hotéis, a partir dos dados gerados pela contabilidade financeira.

Posteriormente, em meados da década de 1990, o USAH é acrescido do *Uniform System of Account and Expense Dictionary for Small for Hotels, Motels and Motor Hotels* – Sistema Uniforme de Contabilidade e Dicionário de Despesas para Pequenos Hotéis e Motéis, que deu origem ao instrumento atual, o USALI – *Uniform System of Accounts for the Lodging Indudstry* – Sistema Uniforme de Contabilidade Analítica de Gestão Hoteleira, que consiste em um conjunto de regras ou metodologias para contabilização, e que, ao ser incorporado ao segmento de hotéis, irá possibilitar comparativos de custos para cada empreendimento individualmente.

Na prática, o SUCH está estruturado em centros de informação (que se referem aos departamentos geradores de receitas e resultados) e em centros de custos e despesas indiretas (relacionados aos departamentos não geradores de receitas). Os centros de receitas são geradores do faturamento do empreendimento (vendas de produtos e serviços), podendo ser subdivididos em principais e secundários (áreas que realizam vendas, mas não são representativas).

Os empreendimentos hoteleiros apresentam atualmente uma diversidade de serviços, fruto de um processo de estudo de mercado para a inovação do negócio. Entretanto, alguns centros geradores de receitas são comuns a muitos empreendimentos, entre os quais se podem elencar:

» hospedagem;

» alimentos e bebidas;

» eventos/convenções;

» comunicação (telefonia/internet) etc.

Para essas áreas geradoras de receitas, existem custos para realizar as vendas, ou seja, o serviço prestado que gera uma fonte de receita tem atrelado consigo gastos diretos e indiretos para a elaboração do produto. Esses custos e despesas são classificados no SUCH como gastos departamentais.

Após a dedução dos gastos com as despesas, obtém-se o lucro departamental, por meio do qual o gestor pode verificar os resultados gerados em cada departamento e, assim, elaborar as devidas análises em relação ao desempenho do empreendimento. Vale ressaltar que os resultados alcançados em cada departamento são prévios.

Por outro lado, há também as despesas com as áreas de apoio, ou seja, departamentos não geradores de receitas para o hotel, e elas são, muitas vezes, de difícil distribuição para os departamentos que propiciam receitas para o hotel. No SUCH, esses gastos são agrupados em despesas, pois pertencem à operação da empresa, mas não estão atrelados ao processo de elaboração do produto ou serviço.

Sendo assim, a organização, de acordo com cada departamento, pode ser a seguinte:

Receitas

(–) Custos diretos

(–) Despesas

 = Lucro (prejuízo) operacional por departamento

Após a apuração dos resultados por departamento, procede-se às deduções das despesas alocadas nas áreas de apoio ao hotel, ou as chamadas áreas de serviço. Com a dedução desses gastos operacionais, chega-se ao resultado antes da depreciação e da amortização, do imposto sobre a renda e da contribuição social.

Após a dedução das despesas com depreciação e amortização, chega-se à base de cálculo do imposto sobre a renda e a contribuição social, que, quando deduzido, resulta no lucro ou prejuízo líquido. É importante ressaltar que existem algumas contas, tanto nas receitas quanto nas despesas, que são aglutinadas com outras contas do hotel.

Esse fato ocorre em razão de tais contas não terem tanta representatividade no contexto geral dos departamentos, não se refletindo nos demonstrativos do resultado. Por esse motivo é que muitas demonstrações financeiras de empreendimentos hoteleiros apresentam lançamentos como "outras receitas" ou "outras despesas".

Dentro do esquema básico do sistema uniforme da contabilidade hoteleira, as contas que são envolvidas podem ser estruturadas operacionalmente conforme o Quadro 1.2.

Quadro 1.2 - Estrutura operacional do SUCH

Centros de receita	Contas envolvidas
Hospedagem	Receitas
Alimentos	Deduções
Bebidas	Tributos
Lavanderia	Custos de vendas
Telecomunicação	Salários
Outros departamentos	Despesas diretas
Centros de despesas	**Contas envolvidas**
Administração	
Vendas	Salários
Marketing	
Serviços públicos	Despesas indiretas
Outros departamentos	

As despesas relativas à depreciação, à amortização, aos seguros e aos juros não constam da estrutura operacional do sistema uniforme por se tratarem de despesas não operacionais, ou seja, despesas que ocorrem em um empreendimento hoteleiro, mas que não fazem parte de sua atividade operacional. Por isso, a alocação da despesa é feita após o lucro ou prejuízo operacional. O Quadro 1.3 apresenta um exemplo da estrutura completa do SUCH.

Quadro 1.3 - Demonstrativo do resultado pelo SUCH (em R$)

Departamentos operacionais	Receitas líquidas	Custos diretos	Salários/encargos	Outras despesas	Lucro/prejuízo
Apartamentos	$ 5.707.029	-$ 1.826.621	-$ 1.484.245	-$ 645.324	$ 1.750.839
Alimentos	$ 1.711.633	-$ 762.782	-$ 505.113	-$ 252.556	$ 191.183
Bebidas	$ 577.094	-$ 175.301	-$ 52.590	-$ 17.530	$ 331.672
Lavanderia	$ 370.020	-$ 165.232	-$ 49.569	-$ 16.523	$ 138.696
Total dos departamentos operacionais	$ 8.365.776	-$ 2.929.935	-$ 2.091.518	-$ 931.933	$ 2.412.390
Despesas não distribuídas					
Administração	-	-	-$ 246.790	-$ 37.019	-$ 283.809
Recursos humanos	-	-	-$ 247.123	-$ 37.068	-$ 284.191
Marketing	-	-	-$ 319.200	-$ 47.880	-$ 367.080
Segurança	-	-	-$ 154.670	-$ 23.201	-$ 177.871
Energia	-	-	-$ 80.328	-$ 12.049	-$ 92.377
Total de despesas não distribuídas			-$ 1.048.111	-$ 157.217	-$ 1.205.328

Despesas não distribuídas					
Resultado após as despesas operacionais	-	-	-	-	$ 937.062
Taxa de Administração	-	-	-	-	-$ 114.140
Impostos e seguros	-	-	-	-	-$ 418.289
Resultado antes do IR e da depreciação/amortização	-	-	-	-	$ 674.633
Depreciação/amortização	-	-	-	-	-$ 202.390
Resultado antes do IR e CS	=	=	=	=	$ 472.243
IRPJ e CSLL	=	=	=	=	-$ 141.673
Resultado líquido	=	=	=	=	$ 330.570

É possível notar que a estrutura do SUCH possui as características do demonstrativo do resultado do exercício (DRE) da contabilidade financeira, porém, como já abordado, com a diferença de que se trabalha no detalhamento dos resultados separados por áreas ou departamentos, o que não ocorre no DRE contábil.

1.8 Indicadores da indústria hoteleira

Analisar o desempenho da empresa é um dos aspectos da contabilidade gerencial para se conhecerem as características de sua operação, sobretudo no que diz respeito à situação econômico-financeira da entidade, cujo trabalho, segundo Moura (2002), se inicia quando termina o processo contábil.

Essas análises podem ser feitas tanto no âmbito interno, quando é realizada dentro da empresa pelo próprio funcionário, para levar as informações aos administradores e proprietários, auxiliando--os nas decisões a serem tomadas na organização, como no âmbito externo, quando a análise é elaborada fora das dependências da entidade, por auditores contábeis, com o foco nas informações sobre os aspectos econômicos para as partes interessadas.

A finalidade desses processos é transformar dados em informações úteis aos administradores, visando definir os rumos a serem seguidos pela empresa. No que tange aos dados, deverão ser utilizados indicadores que possam evidenciar ou mesmo traduzir o resultado verificado. Já no caso das informações, tudo dependerá da interpretação do analista ou administrador sobre os dados apresentados.

Neste cenário, qualquer empresa irá questionar seu próprio desempenho e terá de verificar, por meio de técnicas de análise, o que de fato está ocorrendo com os seus negócios. Para que se verifique o sucesso ou o insucesso de uma operação, o administrador deve, necessariamente, utilizar indicadores que o conduzam a respostas relativas ao desempenho da organização.

O segmento hoteleiro possui essa necessidade de verificação tanto quanto qualquer outro, pois possui uma forte concorrência entre os agentes, portanto, o ato de realizar comparativos com empresas do mesmo ramo de atividade é importante até por uma questão de competitividade.

Introdução à Contabilidade Financeira, de Custos e Gerencial

O estabelecimento de comparativos necessários é realizado por meio dos índices, pois, para Matarazzo (1998), eles estabelecem relações entre dois valores das demonstrações financeiras ou de relatórios gerenciais, que permitem construir uma avaliação das organizações.

A disseminação do uso dos índices na análise de desempenho é necessária por expressar grandezas relativas, e não grandezas absolutas, sobre o nível de atividade da empresa no mercado, bem como os resultados atingidos a partir da meta estabelecida. Entretanto, não existe uma quantidade específica de índices a ser utilizados para a análise dos resultados, o mais importante é fazer escolhas coerentes para que o processo analítico tenha um alto nível de fidedignidade.

Embora exista uma grande diversidade de indicadores para análise, o analista deve selecionar apenas aqueles que condizem com o segmento de mercado da empresa. Há alguns índices comuns utilizados por muitos profissionais, mas há a necessidade de se trazerem outros indicadores para complementar esse processo e elucidar o desempenho da entidade em um determinado período.

Cada analista tem um objetivo específico quando procede às análises, porém, os índices a serem utilizados neste processo serão:

» **índices de atividade e operação:** neles verifica-se o grau de eficiência dos recursos investidos no empreendimento, evidenciando a capacidade da empresa em gerar vendas em um dado período;

» **índices financeiros:** evidenciam o grau de rapidez com que os itens se convertem em vendas ou caixa, bem como a estrutura de endividamento. Esses índices permitem ao administrador definir algumas políticas para a empresa, como pagamentos, recebimentos, ciclos da empresa e, consequentemente, a estrutura de endividamento;

» **índices de rentabilidade:** demonstram o retorno sobre os investimentos realizados na empresa, que são analisados sob a ótica econômica.

Por intermédio dos índices, é possível extrair apontamentos de bons ou maus resultados que possam ocorrer nas atividades da organização. Contudo, a simples aplicação de fórmulas ou análises individualizadas dos índices pouco ou nada pode mostrar algo ao administrador, pois, nesses processos analíticos, é fundamental que se façam comparações tanto no contexto interno quanto no contexto externo da empresa.

Para tanto, segundo Gitman (2000), as análises comparativas podem ser feitas da seguinte maneira:

» *benchmarking:* refere-se a comparações entre os dados ou resultados da empresa analisada com os do mercado em que atua. Pode haver comparações também com concorrentes específicos, com o objetivo de estabelecer um posicionamento mercadológico, entre outros;

» séries temporais: referem-se a comparações históricas da própria empresa em análise. Caracteriza-se como uma análise no âmbito interno da empresa ao longo do tempo, em que o administrador busca, por meio dos dados anteriores, identificar os pontos fortes e fracos da atividade operacional da empresa;

» combinada: tem um caráter mais informativo, pois alia os aspectos do *benchmarking* com os das séries temporais, para avaliar a tendência de comportamento dos indicadores do mercado em geral.

As expressões dos índices podem ser feitas na forma de porcentagem (que é o tipo mais comum), por giro ou rotatividade (quando se comparam dados similares, como médias de atendimento ou de movimentação em estoque) e, finalmente, de maneira unitária ou por unidade (que se refere a dados não similares, como o número de funcionários para cada unidade habitacional no hotel ou o número de instrutores para cada aluno em uma academia).

Algumas limitações devem ser consideradas ao se utilizarem índices nos processos analíticos, tais como:

» os dados a serem analisados devem corresponder ao mesmo período de tempo;

» o critério utilizado para uma base de dados deve ser estendido às demais, caso contrário, gerará distorções nas análises;

» a distorção dos dados em razão da inflação;

» ao se comparar empresas mais antigas com empresas mais novas. A diferença de histórico pode ser um fator limitador, quando o período a ser analisado for muito longo.

Portanto, a utilização dos indicadores irá requerer do analista ou administrador que estiver analisando o desempenho da empresa, sobretudo, metodologia na escolha correta de índices que servirão de base e argumentação para os trabalhos, critério no tratamento da base de dados e das comparações a serem feitas e, por fim, o bom senso nas considerações a serem elaboradas, relevando as particularidades ou proporcionalidades dos dados em análise.

1.8.1 Índices de atividade e operação

Os índices de atividade e operação retratam o grau de eficiência no uso dos recursos disponibilizados para a geração de benefícios (volume e receitas) para o hotel, além de evidenciar a capacidade operacional na maximização dos resultados. Para melhor entendimento dos indicadores, serão considerados os valores do Quadro 1.4, contendo os dados operacionais do hotel Inn X:

Quadro 1.4 - Dados operacionais do hotel Inn X

Dados Anuais		Quantidade
N.° de UHs disponíveis		43.800
N.° de UHs vendidas		32.850
UHs bloqueadas		Quantidade
Manutenção		2.200
Cortesia		1.800
Uso da casa		740
Receitas		Valores (em R$)
Apartamentos		$ 5.707.029
Alimentos		$ 1.711.633
Bebidas		$ 577.094
Lavanderia		$ 370.020

Introdução à Contabilidade Financeira, de Custos e Gerencial

Custos diretos	Valores (em R$)
Apartamentos	$ 3.956.190
Alimentos	$ 1.520.450
Bebidas	$ 245.422
Lavanderia	$ 231.324
	Quantidade
N.º de hóspedes	39.420
N.º de assentos (restaurante)	41.975
N.º de couverts	54.568
Dados complementares	Valores (em R$)
Valor do estoque	$ 187.200
Despesas com salários	$ 1.048.111
N.º de funcionários	98

$$\text{Taxa de ocupação} = \frac{\text{n.º de UHs vendidas}}{\text{n.º de UHs disponíveis}} \times 100$$

Trata-se de um indicador muito utilizado pelo gestor hoteleiro, pois é uma referência do nível de atividade do empreendimento. Entretanto, nem sempre uma alta taxa de ocupação do empreendimento significará uma alta taxa de lucratividade.

Exemplo

$$\text{Taxa de ocupação} = \frac{32.850}{43.800} \times 100$$

Taxa de ocupação = 75%

Taxa de cortesia, manutenção, uso da empresa:

$$\text{Taxa de ocupação} = \frac{\text{n.º de UHs bloqueadas}}{\text{n.º de UHs totais}} \times 100$$

A taxa de cortesia, manutenção e uso da casa é um indicador que mostra a proporção de unidades habitacionais que não estão disponíveis para venda. Normalmente, esses bloqueios ocorrem em razão de reformas ou manutenção dos apartamentos, porém, podem ocorrer casos de bloqueios para uso pelo funcionário de outra unidade ou mesmo no caso de concessão de cortesias, que, por sua vez, podem estar relacionadas a questões estratégicas da empresa.

Essa verificação de unidades habitacionais de não uso é calculada de maneira separada, pois o controle deve ser rígido nestes itens, a fim de não comprometer os resultados do empreendimento hoteleiro.

Exemplos

$$\text{Taxa de manutenção} = \frac{2.200}{43.800} \quad 5,0\%$$

$$\text{Taxa de cortesia} = \frac{1.800}{43.800} \quad 4,1\%$$

$$\text{Taxa de uso da casa} = \frac{740}{43.800} \quad 1,7\%$$

$$\text{Taxa de bloqueio} = \frac{4.740}{43.800} \quad 10,8\%$$

$$\text{Média de hóspedes:} \frac{\text{n.º de hóspedes}}{\text{n.º de UHs vendidas}}$$

É um índice que aponta o número médio de pessoas por apartamento ocupado. Esse dado auxilia no dimensionamento dos gastos com alimentação na área de alimentos e bebidas, nas projeções orçamentárias do hotel, entre outras.

Exemplo

$$\text{Média de hóspedes} = \frac{39.420}{32.850} \quad 1,20$$

$$\text{Índice de desempenho:} \frac{\text{Demanda real}}{\text{Demanda ideal}}$$

Segundo Tuch (2000), este índice avalia o nível de atividade do empreendimento hoteleiro. Trata-se de um comparativo entre o desempenho do hotel analisado em relação aos seus concorrentes. Serão considerados as informações mercadológicas evidenciadas no Quadro 1.5.

Quadro 1.5 - Informações mercadológicas

	Quantidade de UHs		Taxa de ocupação
	Disponíveis	Ocupadas (anual)	70%
Hotel Inn A	100	25.415	70%
Hotel Inn B	90	23.008	82%
Hotel Inn C	135	40.615	88%
Hotel Inn D	180	57.980	75%
Hotel Inn X	120	32.850	70%
Total	625	179.868	70%

Introdução à Contabilidade Financeira, de Custos e Gerencial

A construção desse indicador ocorre em três etapas, a saber:

a) primeiro, é necessário saber qual é o fator ideal do hotel. Para isso, deve-se comparar a quantidade de UHs ofertadas pelo hotel em análise com a quantidade ofertada pelo mercado.

$$\text{Fator ideal:} \frac{\text{n.º de UHs do hotel}}{\text{n.º de UHs ofertadas}} \times 100$$

Exemplo

$$\text{Fator ideal:} \frac{120}{625} = 19\%$$

b) a segunda etapa consiste em determinar a demanda ideal, que, por sua vez, se refere à estimativa de vendas a partir da disponibilidade de apartamentos. Para tanto, usa-se o resultado do fator ideal, com a demanda do mercado.

Demanda Ideal = fator ideal × demanda total

Exemplo

Demanda Ideal = 19% × 179.868   34.535 UHs

c) por fim, deve-se comparar a demanda ideal com a demanda real, determinando-se, assim, a representatividade do hotel em estudo, em relação aos seus concorrentes.

$$\text{Índice de desempenho:} \frac{\text{demanda real}}{\text{demanda ideal}}$$

Exemplo

$$\text{Índice de desempenho} = \frac{32.850}{34.535} = 0{,}95^*$$

$$\text{Média de } \textit{couverts}: \frac{\text{n.º de clientes}}{\text{n.º de assentos}}$$

É um indicador que aponta para o número de pessoas que frequentaram o restaurante ou o bar ao longo do tempo. Esse acompanhamento pode ser feito por períodos distintos (almoço, jantar) ou no geral. O resultado é demonstrado na forma de giro de pessoas por assento ocupado.

---

* Índices abaixo de 1,0, significa que a empresa está operando abaixo da média de mercado;
  Índice igual a 1,0, significa que a empresa está operando na mesma média do mercado;
  Índice acima de 1,0, significa que a empresa está trabalhando acima do mercado (concorrência).

> **Exemplo**
>
> $$\text{Média de } couverts = \frac{54.568}{41.975} = 1,3 \text{ pessoa/assento}$$

$$\text{Giro de estoque:} \frac{\text{custo da mercadoria (em vezes)}}{\text{estoque}}$$

Esse indicador mensura o fluxo de atividade do estoque, ou seja, mostra o grau de rapidez com que o hotel consegue movimentá-lo, de acordo com o lote de compra. Vale ressaltar que, quanto maior for o tempo do giro do estoque, maior será o custo para a empresa, pois um estoque parado representa custo com funcionários, seguro, risco de perda etc.

Quando um hotel mantém um alto giro do seu estoque, significa que os investimentos neste item estão baixos, o que demonstra uma situação extrema. Há riscos neste tipo de procedimento, pois o hotel pode ficar sem determinadas mercadorias para venda e, além disso, as negociações ficam mais difíceis no que se refere aos preços dos produtos. O ideal é estabelecer políticas de estoques mínimo e máximo, para que os investimentos destinados a esse item sejam adequados, de acordo com o nível de consumo na empresa, em função da demanda corrente.

Assim como é possível determinar a rotatividade do estoque, também é possível determinar a idade média deste item, ou seja, o tempo médio que o hotel leva para vender o lote de mercadoria adquirido. Esse também acaba sendo um sinalizador das vendas, pois parte-se do pressuposto de que, se há renovação do estoque, é porque há saídas de mercadorias.

Neste caso, denomina-se prazo médio de renovação de estoques, cuja equação será:

$$\text{PMRE} = \frac{\text{período}}{\text{giro do estoque}}$$

> **Exemplo**
>
> $$\text{Giro do estoque} = \frac{\$1.765.872}{\$187.200} = 9,4 \text{ vezes}$$

Durante o ano, o hotel gira seu estoque, em média, 9,4 vezes. Isso significa que o tempo médio de permanência das mercadorias armazenadas é de aproximadamente:

$$\text{PMRE} = \frac{365}{9,4} = 39 \text{ dias}$$

$$\text{Composição de vendas:} \frac{\text{valor individual}}{\text{valor total}} \times 100$$

Este índice estabelece a proporção de vendas de um produto ou departamento em relação às receitas totais do empreendimento. O acompanhamento dessas proporções históricas é importante, pois o administrador hoteleiro se utiliza de ferramentas como custo-volume-lucro e formação de preço e orçamento, com o objetivo de elaborar cenários para as projeções financeiras.

Exemplos

$$\text{Percentual de hospedagem} = \frac{\$\ 5.707.029}{\$\ 8.365.776} = 68\%$$

$$\text{Percentual de alimentos} = \frac{\$\ 1.711.633}{\$\ 8.365.776} = 20\%$$

$$\text{Percentual de bebidas} = \frac{\$\ 577.094}{\$\ 8.365.776} = 7\%$$

$$\text{Percentual de A\&B (juntos)} = \frac{\$\ 2.288.727}{\$\ 8.365.776} = 27\%$$

$$\text{Percentual de lavanderia} = \frac{\$\ 370.020}{\$\ 8.365.776} = 4\%$$

$$\text{Diária média:} \frac{\text{receita líquida com hospedagem}}{\text{n.º de UHs vendidas}}$$

Conhecida também como *Average Daily Rate* – ADR, a diária média é um dos indicadores mais utilizados no setor hoteleiro para medir o nível de atividade do empreendimento. Cabe observar que, das receitas com hospedagem, devem ser efetuados os descontos referentes à tributação sobre vendas e os repasses referentes ao café da manhã, à meia pensão ou à pensão completa.

Fique de olho!

Em um empreendimento hoteleiro, muitas vezes, o valor da diária pode incluir o valor do café da manhã, do café da manhã e do almoço (meia pensão) ou do café da manhã, do almoço e do jantar (pensão completa). Esses serviços são prestados pelo setor de alimentos e bebidas, por isso a necessidade de se fazer o repasse de parte do valor da diária para esse setor.

Exemplo

$$\text{Diária média} = \frac{\$\ 5.707.029}{\$\ 32.850} = \$\ 173,73$$

$$\text{Diária média:} \frac{\text{receita líquida total}}{\text{n.º de UHs vendidas}}$$

Este índice demonstra o nível de receitas gerado para cada unidade habitacional vendida, considerando os outros serviços prestados pelo empreendimento hoteleiro. Quando se compara o resultado da diária média com o resultado da receita média, é possível verificar o grau de influência das receitas com hospedagem, em relação aos serviços agregados pelo hotel.

Exemplo

$$\text{Receita média} = \frac{\$\ 8.365.776}{\$\ 32.850} = \$\ 254{,}67$$

$$\text{RevPar:} \frac{\text{receita com hospedagem}}{\text{n.º de UHs totais}}$$

ou

RevPar: diária média × taxa de ocupação (%)

Assim como na diária média e na taxa de ocupação, o Revenue per Available Room – RevPar, Receita por Quarto Disponível, é um indicador muito utilizado por administradores hoteleiros, pois determina o valor médio de receitas para cada apartamento, considerando o número total de unidades habitacionais disponíveis. É um parâmetro de desempenho do setor de hospedagem, considerando também aquelas unidades habitacionais que não foram vendidas, mas que geram custos de operação.

Exemplo

$$\text{RevPar} = \frac{\$\ 5.707.029}{\$\ 43.800} = \$\ 130{,}30$$

$$\text{Produtividade operacional:} \frac{\text{receita líquida total}}{\text{n.º total de UHs}}$$

Indica quanto o hotel gerou de resultado, considerando o número total de unidades habitacionais do empreendimento. Este índice é importante, pois o administrador está considerando o resultado também em função das UHs que não foram vendidas ou que tiveram um nível de vendas menor que as demais, sobretudo uma unidade habitacional sem uso, que também gera, ao hotel, custos que necessariamente devem ser absorvidos pelos demais setores. Se uma UH deixa de ser vendida em um dia, não há possibilidade de se voltar no tempo para recuperar essa venda, por isso essa situação deve ser compensada no preço da diária.

Exemplo

$$\text{Produtividade operacional} = \frac{\$\ 8.365.776}{\$\ 43.800} = \$\ 191{,}00$$

$$\text{Diária média por hóspede:} \frac{\text{receita líquida com hospedagem}}{\text{n.º de hóspedes}}$$

Demonstra quanto cada hóspede gerou de receita para o hotel. Entretanto, para este cálculo, deve-se considerar apenas o hóspede pagante, pois, de outra maneira, poderia haver distorção na análise do índice.

Exemplo

$$\text{Diária média por hóspede} = \frac{\$\,5.707.029}{\$\,39.420} = \$\,144,77$$

$$\textit{Couvert}\ \text{médio:}\ \frac{\text{receita líquida de A\&B}}{\text{n.º de \textit{couverts}}}$$

Assim como a diária média no setor de hospedagem, o *couvert* médio demonstra o valor médio das receitas pelo número de atendimentos feitos pelo restaurante ou pelo bar do hotel. Esses cálculos podem ser feitos por área, ou seja, *couvert* médio do restaurante e do bar separadamente, ou por produto, ou seja, alimentos e bebidas.

Exemplo

$$\textit{Couvert}\ \text{médio} = \frac{\$\,2.288.727}{\$\,54.568} = \$\,41,94$$

$$\text{Custo da mercadoria vendida:}\ \frac{\text{custos de consumo de mercadoria}}{\text{receita líquida de A\&B}} \times 100$$

Trata-se de um índice que determina o grau de participação dos custos com consumo do estoque, em relação às receitas geradas com o setor de alimentos e bebidas. É um indicador que permite ao administrador gerenciar a estrutura de gastos para a composição do cardápio do empreendimento, de modo a promover ações como a contratação de fornecedores que possam oferecer produtos ou serviços a um preço menor, sem comprometer a qualidade dos produtos.

Exemplo

$$\text{Custo da mercadoria vendida:}\ \frac{\$\,1.765.872}{\$\,2.288.727} = 77\%$$

$$\text{Custo da mão de obra:}\ \frac{\text{custos com salários}}{\text{receita líquida total}} \times 100$$

Demonstra a proporção dos gastos relativos aos salários, principalmente dos setores de apoio, em relação às receitas totais. Esse tipo de gasto com as áreas prestadoras de serviços do empreendimento hoteleiro decorrem da existência de produtos a serem vendidos. Esse índice auxilia o administrador no gerenciamento e na análise desses custos, em função da atividade operacional do hotel, assim como nas projeções do orçamento.

Exemplo

$$\text{Custos com salários} = \frac{\$\ 1.048.111}{\$\ 8.365.776} = 13\%$$

$$\text{Média de funcionário por UH:} \frac{\text{n.}^\circ \text{ de funcionários}}{\text{n.}^\circ \text{ de UHs total}}$$

É um indicador que demonstra o número de funcionários do hotel por unidade habitacional. É muito utilizado pelo administrador, tanto na fase de viabilidade do projeto hoteleiro quanto na operação. Existem algumas métricas no mercado em relação a esse indicador, pois, dependendo do número de funcionários por UH, pode-se, muitas vezes, determinar a categoria na qual o empreendimento se insere.

Exemplo

$$\text{n.}^\circ \text{ de funcionários por UH} = \frac{98}{120} = 0{,}82 \text{ funcionário}$$

1.8.2 Índices financeiros

Os índices financeiros são compostos pelos indicadores de liquidez e estrutura de endividamento. O primeiro mostra a base financeira do hotel, e o segundo apresenta as fontes de financiamento do empreendimento, que podem advir dos sócios (capital próprio) ou dos fornecedores (capital de terceiros).

Estes financiamentos captados com terceiros não ficam restritos apenas a instituições financeiras. Normalmente, os fornecedores de serviços e insumos são também fontes de recursos para investimento nas operações hoteleiras, sendo estas formas de captação que não oneram financeiramente o hotel.

Para determinar os indicadores financeiros, serão utilizadas as demonstrações apresentadas nos Quadros 1.6 e 1.7.

Quadro 1.6 - Balanço patrimonial do Hotel Inn X

Balanço Patrimonial	Hotel inn x		
Ativo		Passivo	
Circulante		Circulante	
Caixa	$ 290	PIS a pagar	$ 4.757
Banco	$ 684.692	Cofins a pagar	$ 21.958
Duplicatas a receber	$ 302.870	IRPJ/CSLL a pagar	$ 45.910
Estoque	$ 187.200	ISS a pagar	$ 36.596
Total circulante	$ 1.175.052	Salários a pagar	$ 150.320
		Duplicatas a pagar	$ 350.450
		Total circulante	$ 609.991
Não circulante		Não circulante	
Imobilizado		Patrimônio líquido	
Imóvel	$ 1.340.000		
Equipamentos	$ 190.400	Capital social	$ 2.122.191
Móveis	$ 357.300	Lucro (prejuízo) Acumulado	$ 330.570
Total não circulante	$ 1.887.700	Total não circulante	$ 2.452.761
Total ativo	$ 3.062.752	Total passivo + PL	$ 3.062.752

Quadro 1.7 - Demonstrativo do resultado do exercício

Demonstrativo do resultado	HOTEL INN X
Receitas líquidas	$ 8.365.776
Custos de vendas	-$ 5.953.386
Lucro bruto	$ 2.412.390
Despesas operacionais	-$ 1.205.328
Lucro (prejuízo) operacional	$ 1.207.062
Resultado não operacional	-$ 734.819
Lucro antes do IRPJ/CSLL	$ 472.243
IRPJ/CSLL	-$ 141.673
Lucro (prejuízo) do exercício	$ 330.570

No grupo dos indicadores de liquidez, tem-se:

$$\text{Liquidez corrente: } \frac{\text{ativo circulante}}{\text{passivo circulante}}$$

Demonstra a capacidade da empresa, com seus recursos de curto prazo, em honrar seu compromisso referente ao passivo. Para cada R$ 1,00 em dívidas no passivo, quanto haverá no ativo circulante para cobrir? Cabe ressaltar que nem todos os ativos da empresa foram convertidos em dinheiro, assim como nem toda dívida no passivo deverá ser para pagamento imediato.

Exemplo

$$\text{Liquidez corrente} = \frac{\$\ 1.175.052}{\$\ 609.991} = 1,93$$

$$\text{Liquidez seca:}\ \frac{\text{ativo circulante} - \text{estoque}}{\text{passivo circulante}}$$

Este índice compara os valores do ativo circulante extraindo-se o valor do estoque. O objetivo é verificar o impacto deste item no valor da liquidez da empresa, pois se busca verificar o real impacto dos investimentos no estoque ou até mesmo a sua representatividade em relação aos recursos de curto prazo do hotel.

Exemplo

$$\text{Liquidez seca} = \frac{\$\ 987.852}{\$\ 609.991} = 1,62$$

$$\text{Liquidez imediata:}\ \frac{\text{disponível (caixa, banco, aplicação financeira)}}{\text{passivo circulante}}$$

Reflete que dos valores disponíveis em dinheiro, quanto há para cobertura das dívidas a pagar no curto prazo. Existem alguns ativos que demandam um pouco mais de tempo para se converterem em dinheiro, para que a empresa possa saldar suas dívidas. Este índice dá uma dimensão da proporção de disponibilidade, que irá depender muito dos prazos médios relativos a vendas, recebimentos e pagamentos das compras.

Exemplo

$$\text{Liquidez imediata} = \frac{\$\ 684.982}{\$\ 609.991} = 1,12$$

$$\text{Prazo médio de recebimento de vendas (PMRV):}\ \frac{\text{duplicatas a receber}}{\text{receitas líquidas}} \times \text{período}$$

Indica o tempo médio que o hotel levará para receber dos seus clientes os valores referentes às vendas realizadas a prazo. Contudo, nas duplicatas a receber, pode haver duplicatas a vencer, bem como duplicatas vencidas e não pagas, ou seja, neste item, podem ocorrer inadimplências por um longo ou curto período de tempo, mas que, ao final, irão influenciar os resultados deste índice.

Na atividade hoteleira, assim como em outras atividades econômicas, a necessidade de se vender a prazo para vender mais é muito comum. Muitas vezes, se concedem prazos mais estendidos para os clientes efetuarem seus pagamentos, a fim de estimular o consumo maior dos serviços no hotel, mas há o risco de os recebimentos a prazo não ocorrerem, o que faz o administrador criar formas de conceder prazos com o menor nível de inadimplência.

Exemplo

$$\text{Prazo médio de recebimento de vendas} = \frac{\$\ 302.870}{\$\ 8.365.776} = 13 \text{ dias}$$

$$\text{Giro de contas a pagar: } \frac{\text{custo da mercadoria vendida}}{\text{Fornecedores}}$$

$$\text{Prazo médio de pagamento de compra: } \frac{\text{período}}{\text{giro de contas a pagar}}$$

O índice apresenta quantas vezes, em média, o hotel está pagando seus fornecedores por ano. O objetivo é obter a quantidade, em dias, em que há o pagamento para o fornecedor das mercadorias e de outros insumos para o empreendimento hoteleiro. Quanto mais estendido for esse prazo melhor será para a empresa, pois isso sugere que o hotel tenha capital de terceiros financiando suas operações.

A vantagem de manter uma negociação mais estendida com os fornecedores é que isso automaticamente alivia as pressões no capital disponível da empresa (dinheiro), propiciando ao administrador fazer outros investimentos com mais imediatismo, o que pode agregar valor ao produto ou serviço hoteleiro.

Exemplo

$$\text{Giro de contas a pagar: } \frac{\$\ 5.953.386}{\$\ 350.450} = 17$$

$$\text{Prazo médio de pagamento de compra: } \frac{365}{17} = 21 \text{ dias}$$

1.8.3 Índices de rentabilidade

Este grupo apresenta o sucesso ou não do empreendimento em termos de rentabilidade ou lucratividade do hotel, em função de seu desempenho no mercado. O lucro ou a produtividade da empresa podem ser analisados sob a ótica das receitas e podem ser analisados sob o ponto de vista dos investimentos realizados em um dado período.

Para tanto, serão utilizadas as mesmas demonstrações financeiras evidenciadas nos Quadros 1.5 e 1.6, para calcular a rentabilidade do hotel, de acordo com os seguintes índices:

$$\text{Margem líquida:} \frac{\text{lucro líquido}}{\text{receita líquida}} \times 100$$

Indica a margem de lucro em comparação às receitas obtidas pelo hotel no período. O resultado contempla o desempenho total na relação entre receitas e gastos do hotel. Quanto maior essa proporção, melhor.

Exemplo

$$\text{Margem de Lucro} = \frac{\$\ 330.570}{\$\ 8.365.776} = 3{,}95\%$$

$$\text{Margem operacional:} \frac{\text{lucro operacional}}{\text{receita líquida}} \times 100$$

Determina o desempenho da operação do hotel, desconsiderando resultados que não fazem parte da atividade-fim do empreendimento, ou seja, é um sinalizador importante, pois o foco está no desempenho de suas atividades.

Exemplo

$$\text{Margem Operacional} = \frac{\$\ 1.207.062}{\$\ 8.365.776} = 14\%$$

$$\text{Giro do ativo:} \frac{\text{receita líquida}}{\text{ativo total}}$$

Apresenta o nível de geração de receitas em comparação com os investimentos no ativo total do empreendimento. Demonstra a eficiência na capacidade de geração das receitas, em função dos investimentos na estrutura operacional da empresa, seja no curto prazo ou no longo prazo.

Exemplo

$$\text{Giro do ativo:} \frac{\$\ 8.365.776}{\$\ 3.062.752} = 2{,}73$$

$$\text{Giro do ativo permanente:} \frac{\text{receita líquida}}{\text{ativo permanente}}$$

Determina, de maneira mais detalhada, o grau de eficiência no uso dos recursos investidos no ativo permanente. Geralmente, o hotel possui investimentos significativos no ativo permanente e, em especial, no ativo imobilizado. Isso se deve ao fato de equipar as UHs com móveis, equipamentos e instalações, que demandam investimentos na estrutura hoteleira para executar as atividades de maneira satisfatória.

$$\text{Giro do ativo permanente:} \frac{\$\,8.365.776}{\$\,1.887.700} = 4{,}43$$

$$\text{Retorno sobre o ativo:} \frac{\text{lucro líquido}}{\text{ativo total}} \times 100$$

Mede a capacidade de retorno do lucro em relação aos investimentos totais no ativo. Este é um indicador que interessa muito ao administrador, pois, por meio dele, é possível verificar a eficiência no uso dos recursos no curto e no longo prazo para o empreendimento hoteleiro.

$$\text{Retorno sobre o ativo:} \frac{\$\,330.570}{\$\,3.062.752} = 10{,}79\%$$

$$\text{Retorno sobre ativo permanente:} \frac{\text{lucro líquido}}{\text{ativo permanente}} \times 100$$

Índice que detalha um pouco mais o nível de retorno do empreendimento hoteleiro em relação ao lucro líquido, pois compara o resultado do lucro com os investimentos apenas no ativo permanente. Isso é tão importante quanto o giro do ativo permanente, pois mostra o resultado líquido, evidenciando o desempenho do hotel.

$$\text{Retorno sobre o ativo permanente} = \frac{\$\,330.570}{\$\,1.887.700} = 17{,}51\%$$

$$\text{Retorno sobre o patrimônio líquido:} \frac{\text{lucro líquido}}{\text{patrimônio líquido}} \times 100$$

Refere-se ao retorno sobre o investimento, quando a comparação é com o patrimônio líquido. Esse índice interessa muito aos proprietários ou sócios do empreendimento, pois a relação a ser analisada é entre o capital próprio e o lucro gerado pela atividade hoteleira no período.

Exemplo

$$\text{Retorno sobre o patrimônio líquido} = \frac{\$\ 330.570}{\$\ 2.452.761} = 13,48\%$$

$$\text{Retorno sobre o capital:} \frac{\text{lucro líquido}}{\text{capital social integralizado}} \times 100$$

É um índice que aponta o retorno sobre o capital investido pelo proprietário. Entretanto, nas demonstrações financeiras, esse cálculo deve sofrer ajustes, pois haverá a necessidade de somar a esses valores a atualização do capital social. Desta maneira, o índice anterior é um pouco mais completo neste sentido, pois considera as contas de "reservas de capital".

Exemplo

$$\text{Retorno sobre o capital social} = \frac{\$\ 330.570}{\$\ 2.122.191} = 15,58\%$$

Vamos recapitular?

A contabilidade geral ou financeira é a base para as discussões sobre o aspecto financeiro, que organiza e sistematiza as informações de ordem patrimonial, para atender às necessidades das partes interessadas, sobre as variações patrimoniais ocorridas no período.

As constantes mudanças nos âmbitos econômico e social fizeram com que se desenvolvessem instrumentos na contabilidade que possibilitassem ao administrador tomar decisões, analisando o passado para prospectar o futuro. A contabilidade gerencial realiza a interface com a contabilidade financeira, ao viabilizar ferramentas de gestão, como as análises de desempenho e a contabilidade de custos.

A contabilidade de custos, que deriva da contabilidade financeira, com características da contabilidade gerencial, assume esse posicionamento por prestar informações internas às diversas áreas da organização, contribuindo na determinação do desempenho, do planejamento e dos controles do nível de atividade operacional, para as decisões gerenciais. As contribuições são pautadas no uso de técnicas e ferramentas aplicadas para se compreender o comportamento dos gastos e como eles podem ser gerenciados para permitir que o empreendimento possa buscar melhores resultados.

Já a contabilidade hoteleira aparece neste contexto como uma ferramenta que veio para estabelecer um padrão de linguagem em empreendimentos hoteleiros, além de extrair dados específicos sobre o desempenho de hotéis, permitindo ao administrador tomar decisões com base nos resultados gerados pelos departamentos de serviços. Para isso, surgiu o SUCH, que permite ao empreendedor ou administrador, com base no panorama das diversas áreas de negócio do hotel, analisar e definir novos rumos em função da atividade de operação monitorada, por meio dos indicadores de desempenho.

Agora é com você!

1) Quais são o foco e o principal objetivo da contabilidade?
2) Como está estruturada a composição do patrimônio de uma empresa?
3) Cite as possíveis situações patrimoniais que podem ocorrer na contabilidade de uma entidade.
4) Qual é o produto final da contabilidade?
5) Considere os seguintes elementos patrimoniais da empresa XY:

Conta contábil	Valor	Conta contábil	Valor
Caixa	1.500	Capital social	250.000
Fornecedores	30.800	Duplicatas a receber	48.000
Salários e encargos	65.300	Impostos a pagar	21.400
Estoques	178.100	Aplicações financeiras	76.500
Lucro acumulado	30.500	Banco	75.900
Empréstimos (curto prazo)	12.000	Empréstimo (longo prazo)	120.000
Imobilizado	130.000	Intangível	20.000

A partir dos dados contábeis expostos, preencha o quadro do balanço patrimonial a seguir, distribuindo as contas contábeis e os valores monetários, de acordo com a legislação.

Balanço patrimonial findo em 31/12/X0			
Ativo		Passivo	
Circulante		Circulante	
Não circulante		Não circulante	
Total ativo		Total passivo + PL	

6) Cite três objetivos da contabilidade de custos.

7) Considere os seguintes dados do Hotel Sonhos e Espaços:

Dados Operacionais	Anual
N.º UHs totais	56.575
N.º de UHs vendidas	36.774
N.º de hóspedes	51.483
UHs bloqueadas (manutenção)	730
UHs bloqueadas (cortesia)	1.095
N.º de funcionários	74
N.º de assentos no restaurante	36.500
N.º pessoas no restaurante	61.390

Demonstrativo do resultado pelo SUCH

Departamentos operacionais	Receitas líquidas	Custos diretos	Salários/encargos	Outras despesas	Lucro/prejuízo departamental
Apartamentos	4.647.840	-1.022.532	-1.003.200	-409.013	2.213.095
Alimentos e Bebidas	987.130	-365.497	-203.490	-146.199	271.944
Eventos	1.564.900	-453.827	-215.870	-181.531	713.672
Telefonia	204.970	-65.230	-46.712	-26.092	66.936
Total de departamentos operacionais	7.404.840	-1.907.086	-1.469.272	-762.835	3.265.647
Despesas Não distribuídas					
Administração			-322.067	-74.075	-396.142
Marketing			-391.034	-89.938	-480.972
Comercial			-405.687	-93.308	-498.995
Recursos Humanos			-169.043	-38.880	-207.923
Manutenção			-100.328	-23.075	-123.403
Total de despesas não distribuídas			-1.388.159	-319.276	-1.707.435
Taxa de administração					-149.500
Impostos e seguros					-753.639
Resultado antes do IR e da depreciação/amortização					655.073
Depreciação/amortização					-196.522

Introdução à Contabilidade Financeira, de Custos e Gerencial

Despesas não distribuídas				
Resultado antes do IR e CS					458.551
IRPJ e CSLL					-137.565
Resultado líquido					320.986

Calcule:

a) A taxa de ocupação do hotel.

b) A taxa de UHs bloqueadas por manutenção e por cortesia.

c) A média de hóspedes por UH.

d) A média de *couvert*.

e) A diária média do hotel.

f) O *couvert* médio do setor de A&B.

2

Conceitos
e Classificações
dos Gastos

Para começar

Este capítulo apresenta os conceitos relacionados aos gastos, para possibilitar uma melhor compreensão dos significados das terminologias dos elementos de gasto, custo e despesa, bem como para auxiliar na elaboração de suas devidas classificações nas atividades ligadas à área de serviços em hotelaria, eventos e saúde.

2.1 Conceito de gastos

Segundo Martins (2010), a terminologia gastos se refere à compra de um produto ou serviço qualquer que gere sacrifício financeiro para a entidade. Em outras palavras, o gasto está relacionado ao dispêndio de recursos, ou seja, envolve toda e qualquer saída de dinheiro da empresa.

Isso engloba, por exemplo, gastos para aquisições de bens (investimento na estrutura da empresa), como a compra de equipamentos de áudio e vídeo por uma produtora de eventos, de um carrinho de *room service* por um hotel ou mesmo de um equipamento para exames de ressonância magnética por um laboratório ou hospital.

Além disso, há gastos classificados como operacionais, que envolvem, por exemplo, pagamentos a fornecedores de serviços (energia elétrica, TV por assinatura, água), pagamentos de salários, pagamentos a fornecedores de alimentos e bebidas em hotéis, bares, restaurantes e hospitais, pagamento de aluguel, entre outros.

Entretanto, a classificação de cada um deles passa a ser importante no contexto empresarial, pois o gerenciamento desses gastos de maneira racional será um fator decisivo para que o empresário possa alcançar uma margem de lucro adequada, garantindo a sustentabilidade do seu negócio com preços competitivos.

> **Amplie seus conhecimentos**
>
> A contabilidade de custos passa a ser utilizada em larga escala a partir da segunda metade do século XVIII, com o advento da Revolução Industrial. No período pré-revolução industrial, o sistema de apuração dos custos se pautava apenas na aquisição de estoque para revenda. Com a chegada das indústrias, houve a necessidade de ampliar as discussões, pois, no processo de fabricação na indústria, havia outros gastos envolvidos que não apenas a matéria-prima (PADOVEZE, 2003).

No tocante à classificação, as categorias dos gastos podem ser representadas conforme a Figura 2.1.

Figura 2.1 - Categoria dos gastos.

Os gastos para investimentos ocorrerão nos momentos em que houver a necessidade de reformar ou ampliar um hotel, comprando, por exemplo, móveis, equipamentos de tecnologia, adquirindo outros imóveis ou construindo um complexo hospitalar, por meio da estruturação de espaços para novos serviços (espaços de conveniência), da aquisição de equipamentos cirúrgicos, entre outros.

Já os gastos operacionais ocorrem quando há o consumo, por parte da empresa, de bens e serviços de maneira rotineira. O uso de material de escritório (lápis, caneta, toner, papel), material para limpeza (em áreas comuns ou nas unidades habitacionais – UHs), material para higiene (*amenities*), matéria-prima para alimentos e bebidas e gastos com decoração para eventos são alguns exemplos de gastos operacionais.

No contexto dos gastos operacionais, há as categorias de gastos diretos e indiretos, que estão representadas na Figura 2.2.

Figura 2.2 - Categoria de gastos operacionais.

Os gastos diretos assumem essa nomenclatura por estarem diretamente inseridos no processo produtivo. Em outras palavras, significa dizer que, para que um produto ou serviço seja de fato concedido, haverá um gasto necessário. Isso ocorre, por exemplo, para se conceber um produto ou serviço, como hospedagem, assessoria ou produção de um congresso corporativo ou científico, promover uma feira de negócios etc.

Os gastos indiretos recebem essa terminologia por não estarem diretamente associados ao processo produtivo e, ao mesmo tempo, apresentarem dificuldades em sua identificação. São gastos relacionados às áreas de apoio da empresa, ou seja, não contribuem diretamente para a produção de um produto ou serviço, mas estão inseridos nas atividades dos diversos departamentos de uma empresa, como os departamentos de vendas, marketing, administrativo, gestão de pessoas, financeiro, entre outros.

2.2 Conceito de custos e despesas

O processo de apuração dos gastos de uma empresa implica classificá-los de maneira correta, para que não haja equívocos nas decisões a serem tomadas. Neste contexto, os gastos diretos e indiretos subdividem-se em custos, despesas e perdas, em que:

» custo: é todo e qualquer gasto a ser realizado exclusivamente para viabilizar um produto ou serviço. Também conhecido como custo direto;

» despesa: é todo e qualquer gasto complementar consumido pela empresa, de maneira direta ou indireta, com o objetivo de conceber um produto ou serviço para, posteriormente, gerar uma receita. Pode caracterizar-se como despesa direta ou indireta;

» perda: é todo e qualquer gasto realizado de maneira atípica, com o objetivo de repor um bem ou serviço, sem que isso venha a trazer um benefício futuro (receita) para a empresa.

A Figura 2.3 apresenta um esquema básico da estrutura de gastos operacionais incidentes nas atividades de uma empresa.

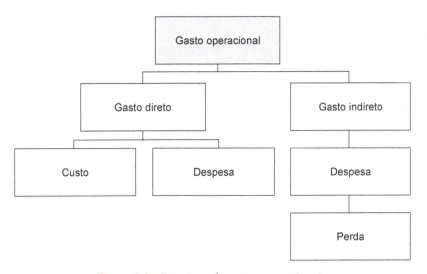

Figura 2.3 - Estrutura de gastos operacionais.

É possível verificar, a partir da estrutura proposta, que os custos ocorrerão para os gastos diretos, pois esta categoria se refere aos gastos para a concepção do produto ou serviço, ou seja, refere-se aos itens necessários à realização de uma feira de negócios, de uma festa infantil ou mesmo de um congresso.

Já as despesas podem ocorrer tanto na categoria dos gastos diretos como na dos gastos indiretos. Isso se deve à necessidade de ocorrência de gastos complementares para se conceber um produto ou serviço, além das despesas necessárias com os demais departamentos da empresa.

Para melhor entendimento, em uma empresa prestadora de serviços em eventos, especializada em promover congressos científicos, os gastos relacionados à concepção de seus serviços, bem como os gastos existentes em seu escritório, podem ser categorizados de acordo com a Tabela 2.1.

Tabela 2.1 - Tipos de gastos

Tipos de gastos	Gasto direto		Gasto indireto
	Custo	Despesa	Despesa
Contratação do palestrante	X		
Hospedagem no hotel (para o palestrante)	X		
Gerente de pessoal (empresa)			X
Locação de auditório	X		
Fornecedores de alimentos e bebidas	X		
Seguro (empresa)			X
Decoração	X		
Contratação de mão de obra (segurança para o evento)		X	
Brindes		X	
Locação de equipamentos de áudio e vídeo	X		
Aluguel (empresa)			X
Água, luz, telefone (empresa)			X
Contratação de mão de obra (recepcionista para o evento)	X		
Material de escritório (empresa)			X
Salários dos funcionários (empresa)			X

É possível perceber que, para realizar um congresso, é necessário que alguns gastos aconteçam, para que a empresa possa viabilizar o evento. Desta maneira, no exemplo exposto, a contratação do palestrante, a locação de auditório, os alimentos e as bebidas, a decoração, entre outros, são caracterizados como custos (gastos diretos), pois, sem esses elementos, o evento poderia não ocorrer.

As despesas (gastos indiretos), por sua vez, não participam na formação do serviço a ser prestado, pois ocorrem no âmbito interno da empresa. Elas são destinadas às áreas de apoio, ou seja, áreas que, apesar de não participarem da criação do produto ou serviço, auxiliam no processo de venda dos produtos.

2.3 Comportamento dos custos e despesas

Entender como se comportam os custos e despesas de maneira geral é papel do gestor da empresa. Para que isso ocorra, o mais comum é estabelecer o cruzamento dos gastos com as quantidades ou volumes de vendas, uma vez que os gastos ocorrem por haver a expectativa de venda do produto ou serviço.

Tuch (2000) ressalta que a análise do comportamento de determinado gasto só tem validade se for estabelecida uma linha de corte no tempo, ou seja, deve ser analisado em prazo específico, para que não haja distorções no processo analítico, prazo este que coincide com o período do orçamento das empresas.

Com base nessa perspectiva, os custos e despesas podem assumir os comportamentos descritos a seguir.

2.3.1 Custos e despesas fixos

Um custo fixo ou uma despesa fixa se caracterizam como gastos que ocorrem de maneira sistemática durante o período analisado, independentemente de ocorrer a venda do produto ou serviço pela empresa. Isso significa dizer que, para um determinado volume de vendas, os custos ou despesas fixos não sofrerão alteração em seus valores totais. Porém, na medida em que são efetuadas as vendas, os gastos fixos serão diluídos de modo proporcional.

Para ilustrar este conceito, apresentamos a Tabela 2.2 e os Gráficos 2.1 e 2.2.

Tabela 2.2 - Gastos fixos

Quantidade de vendas	Custo ou despesa unitária	Custo ou despesa total
0		$ 10.000
1	$ 10.000	$ 10.000
10	$ 1.000	$ 10.000
40	$ 250	$ 10.000
60	$ 166,67	$ 10.000
100	$ 100,00	$ 10.000
120	$ 83,33	$ 10.000

Em um determinado nível de atividade da empresa, pode-se perceber que os custos e despesas fixos não se alteram em sua totalidade, como evidenciado no Gráfico 2.1.

Entretanto, quando os custos e despesas fixos são confrontados com a quantidade de vendas, os valores totais serão absorvidos na medida em que as vendas vão ocorrendo, ou seja, haverá uma diluição dos gastos fixos em razão das vendas, conforme pode ser observado no Gráfico 2.2.

Gráfico 2.1 - Gasto fixo total

Gráfico 2.2 - Gasto fixo unitário

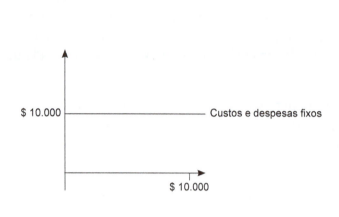
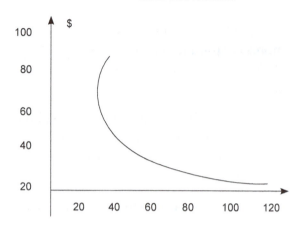

Portanto, no Gráfico 2.2, verifica-se que à medida que o volume das vendas aumenta, os valores dos custos e despesas unitários diminuem. Isso significa que a quantidade de serviços prestados pela empresa está absorvendo proporcionalmente os gastos fixos em geral. Gastos como aluguel do escritório e salário dos funcionários são os exemplos mais conhecidos de custos e despesas fixos.

2.3.2 Custos e despesas variáveis

São custos e despesas associados diretamente à venda de um produto ou serviço. São valores que se alteram proporcionalmente, na medida em que as vendas vão ocorrendo na empresa. Ao contrário dos custos e despesas fixos, nos variáveis há uma forte dependência das quantidades de vendas, ou seja, são gastos que possuem uma associação muito sensível ao volume de vendas.

Para ilustrar o conceito, apresentamos a Tabela 2.3 e o Gráfico 2.3.

Tabela 2.3 - Gastos variáveis

Quantidade de vendas	Custo ou despesa unitários	Custo ou despesa totais
0	$ 10	$ 0
1	$ 10	$ 10
10	$ 10	$ 100
40	$ 10	$ 400
60	$ 10	$ 600
100	$ 10	$ 1.000
120	$ 10	$ 1.200

Na Tabela 2.3, percebe-se que os valores unitários dos gastos variáveis não se alteraram, mas os valores totais sofreram mudanças a partir das alterações do volume de vendas no período.

Graficamente, essa evolução pode ser demonstrada conforme o Gráfico 2.3.

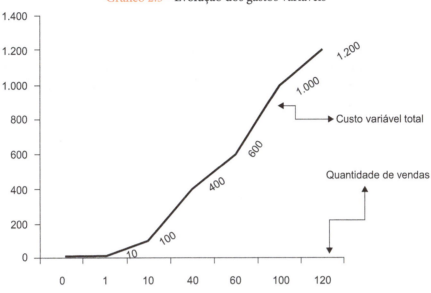

Gráfico 2.3 - Evolução dos gastos variáveis

Nos custos e despesas variáveis, o valor unitário permanece o mesmo, mas os valores totais irão se alterar em função da quantidade de vendas. Isto, porém, não é uma regra, pois os preços negociados com os fornecedores de insumos ou de matérias-primas para a elaboração do produto podem sofrer alterações, principalmente no ambiente econômico do Brasil, em que os preços mudam a cada período. Neste caso, os custos e despesas mistos demonstrarão essas possíveis variações nos preços dos insumos, que devem ser considerados nos processos de apuração dos gastos da empresa.

2.3.3 Custos e despesas mistos

São custos e despesas que possuem em sua composição uma parte fixa e uma parte variável, quando estão associados ao volume de vendas (TUCH, 2000). Normalmente, apresentam uma variação em função da produção de um bem ou serviço, mas também possuem uma parte fixa que ocorrerá mesmo não havendo a produção do produto ou serviço.

Tradicionalmente, os gastos mistos (custos e despesas) são facilmente observados no processo de uma indústria, entretanto, nada impede que esse tipo de gasto não possa ocorrer em uma empresa do setor de serviços, como um hotel, um restaurante, uma promotora de feiras e negócios, um laboratório de análises clínicas, uma operadora de turismo, entre outros segmentos.

A composição dos gastos mistos pode ser matematicamente expressa da seguinte maneira:

gasto misto = gasto fixo total + (gasto variável unitário × quantidade de vendas)

Na prática, para a verificação dos gastos mistos, adota-se a seguinte situação:

Exemplo

Uma empresa possui em sua estrutura os gastos a seguir. O objetivo é apurar os gastos totais e identificar o seu comportamento. A composição dos gastos totais (envolvendo custos e despesas, fixos e variáveis), bem como os respectivos comportamentos, ficarão assim descritos:

	Gasto fixo	+	Gasto variável unitário	×	Quantidade de vendas	Gasto total	Comportamento
Custo variável	0		$ 6,40		9.000	$ 57.600	Variável
Salários	$ 12.500		$ 0,70		9.000	$ 18.800	Misto
Energia	$ 940		$ 0,09		9.000	$ 1.750	Misto
Água	$ 190		$ 0,02		9.000	$ 370	Misto
Marketing	$ 9.600		0		9.000	$ 9.600	Fixo
Financeiro	$ 7.060		0		9.000	$ 7.060	Fixo
	$ 30.290		$ 7,21		9.000	$ 95.180	

Nesse contexto, é possível ocorrerem custos e despesas variáveis, como também custos e despesas fixos (marketing e financeiro), além dos mistos, que poderão contemplar salários de funcionários que desenvolvem o produto, assim como os salários dos funcionários dos demais departamentos de apoio da empresa.

O mesmo critério pode ser usado para os gastos relacionados a energia e água, pois uma parte deles é para a concepção do produto ou serviço e a outra parte se refere aos demais departamentos de apoio da empresa.

Vamos recapitular?

Vimos que o conceito de gastos se refere a um termo genérico para designar a saída de dinheiro da empresa. A partir desse termo genérico, direcionamos as terminologias de gasto direto e gasto indireto, de acordo com a sua finalidade de verificação no ambiente de empresas de serviços.

Os termos custos e despesas são elementos conceitualmente distintos, uma vez que os custos estão associados a gastos para a elaboração do produto, e as despesas estão associadas aos departamentos de apoio da empresa. Os comportamentos dos custos e despesas, de maneira geral, podem ser fixos, variáveis e mistos, ressaltando que os gastos mistos podem ter características de gasto direto ou indireto.

Agora é com você!

1) Quais são as principais características dos gastos diretos e indiretos?

2) Qual é a principal diferença entre custos e despesas?

3) Qual é a natureza do comportamento dos gastos?

4) O administrador de um *Buffet* muito bem-estruturado, com aproximadamente 17 anos de atividades específicas para festas infantis, organiza os dados financeiros da empresa para vislumbrar a melhor decisão a ser tomada. Deste modo, a empresa apresentou os seguintes gastos (diretos e indiretos) com elementos de custos e despesas (fixos e variáveis):

Gastos
Alimentos
Bebidas
Aluguel
Salários de funcionários
Recreadores
Financeiro
Marketing/vendas
Comissões de vendas

Com base nos dados informados, realize o que é pedido.

a) Preencha a tabela marcando um X na categoria (diretos ou indiretos) a que se refere o gasto operacional:

Gastos	Diretos	Indiretos
Alimentos		
Bebidas		
Aluguel		
Salários de funcionários		
Recreadores		
Financeiro		
Marketing/vendas		
Comissões de vendas		

b) Com base na classificação anterior, preencha a tabela informando o tipo de gasto (custo ou despesa):

Gastos	Diretos	Indiretos	Custos	Despesas
Alimentos				
Bebidas				
Aluguel				
Salários de funcionários				
Recreadores				
Financeiro				
Marketing/vendas				
Comissões de vendas				

c) Com base na tipologia do item anterior, preencha a tabela informando o comportamento (fixo ou variável) dos custos e despesas:

Gastos	Diretos	Indiretos	Custos	Despesas	Fixos	Variáveis
Alimentos						
Bebidas						
Aluguel						
Salários de funcionários						
Recreadores						
Financeiro						
Marketing/vendas						
Comissões de vendas						

d) Considere os seguintes valores para cada custo e despesa de operação, com seus respectivos valores, sabendo que a quantidade de eventos realizados no *Buffet* por mês é de 18 festas. Com base nos dados da tabela a seguir, determine o valor total do gasto misto:

Gastos	Diretos	Indiretos
Alimentos	$ 3,60	---------
Bebidas	$ 2,10	---------
Aluguel/estacionamento	$ 2,50	$ 9.200
Salários de funcionários	$ 0,90	$ 15.600
Recreadores	$ 204	---------
Financeiro	---------	$ 3.700
Marketing/vendas	$ 4,20	$ 9.800
Comissões de vendas	$ 9,70	---------

3

Administração e Tomada de Decisão Sobre os Gastos

> **Para começar**

O objetivo deste capítulo é estabelecer, com base nos conceitos dos gastos discutidos anteriormente, uma relação de análise de custo *versus* benefício nos processos de decisão sobre os custos nas atividades empresariais.

3.1 Administração dos gastos

A gestão dos gastos é um fator de suma importância na busca por melhores resultados nos negócios. Muitas estratégias neste sentido são trabalhadas pelas empresas, cuja meta é alcançar maior eficiência nos processos de trabalho, com uso menor dos recursos disponíveis, que possa resultar em alta produtividade.

Para Tuch (2000), é um processo que deve estabelecer cortes de insumos ou até mesmo de processos desnecessários para a concepção do produto ou serviço, e não consiste necessariamente na eliminação de valores desejados pelos consumidores. Isso significa dizer que, na prestação de serviços, é importante preservar a qualidade do produto oferecido ao cliente, a partir de insumos mínimos que venham a contribuir com a percepção de satisfação pelo consumidor final em relação ao que está sendo oferecido.

Gerir estrategicamente os recursos de maneira otimizada é o desafio que cada gestor possui, pois cada vez mais existe uma escassez de capital à disposição das empresas, ou seja, nos orçamentos empresariais, há uma preocupação em analisar a composição das diversas situações de gastos no ambiente dos negócios.

Para tanto, Tuch (2000) estabelece algumas etapas importantes para esses processos de decisão, como:

» levantar todos os dados relativos às alternativas em análise;
» analisar e classificar os dados;
» projetar os dados futuros seguindo as alternativas apresentadas;
» avaliar a melhor alternativa;
» acompanhar e reavaliar a ação praticada.

Em outras palavras, essas etapas propõem ao gestor estabelecer relações custos *versus* benefícios para todas e quaisquer decisões a serem praticadas nos negócios da empresa, bem como relativas à sua estrutura patrimonial.

A decisão entre comprar ou alugar um imóvel, vender ou não vender um determinado produto ou serviço, adquirir à vista ou a prazo um determinado patrimônio é um fato corriqueiro na atividade do administrador, e que irá demandar um amplo conhecimento sobre a relevância desses gastos e sobre os possíveis impactos que eles poderão trazer para os resultados financeiros da empresa.

Figura 3.1 - Fachada do Hotel Ritz em Paris. O mais antigo hotel em funcionamento na França. O prédio data do final do século XIX, em 1898.

3.2 Tomada de decisão sobre os gastos

Em situações de decisão, é necessário ponderar sobre alguns aspectos importantes para que a análise seja feita de maneira mais precisa. Em Tuch (2000), são destacados alguns pontos relativos aos gastos, que devem ser considerados como procedimentos nas análises, como:

» A diferenciação dos gastos quando se tem uma situação de escolha: os diferentes gastos entre uma alternativa e outra devem ser considerados, no entanto, os que permanecem os mesmos nas alternativas de decisão não precisam ser considerados.

» A relevância do gasto em uma situação de decisão irá se caracterizar quando houver um diferencial entre as alternativas futuras, ou seja, poderão ocorrer situações em que o gasto irá existir se houver a escolha por uma alternativa.

Algumas dessas situações podem ser demonstradas para reflexão. Vamos supor que um centro de convenções necessite de um novo equipamento de áudio e vídeo. Existe a possibilidade de fazer a aquisição do bem ou simplesmente fazer uma locação. Os gastos envolvendo as duas possibilidades estão discriminados na Tabela 3.1.

Tabela 3.1 - Alternativas de compra ou locação

	Comprar	Alugar
Aquisição do equipamento	$ 20.000	-
Gasto anual com aluguel	-	$ 7.600
Juros (anuais)	$ 1.600	
Manutenção (anual)	$ 310	
Vida útil do equipamento	Cinco anos	Cinco anos
Energia	$ 920	$ 920
Folha de pagamento	$ 9.040	$ 9.040

Na prática, ao considerar as etapas e os aspectos importantes para uma análise entre alternativas, teremos:

Os gastos a serem considerados nesta análise:

» a compra do equipamento;
» o aluguel do equipamento;
» os juros (em caso de compra);
» a manutenção.

A etapa seguinte consiste em elaborar um fluxo de caixa de acordo com o tempo de vida útil contábil (no caso, cinco anos) para cada alternativa em análise, para então escolher a melhor alternativa.

Tabela 3.2 - Para a opção de compra

	Ano 1	Ano 2	Ano 3	Ano 4	Ano 5	Total
Depreciação	$ 4.000	$ 4.000	$ 4.000	$ 4.000	$ 4.000	$ 20.000
Juros	$ 1.600	$ 1.600	$ 1.600	$ 1.600	$ 1.600	$ 8.000
Manutenção	$ 310	$ 310	$ 310	$ 310	$ 310	$ 1.550
Total	$ 5.910	$ 5.910	$ 5.910	$ 5.910	$ 5.910	$ 29.550

Tabela 3.3 - Para a opção do aluguel

	Ano 1	Ano 2	Ano 3	Ano 4	Ano 5	Total
Aluguel	$ 6.100	$ 6.100	$ 6.100	$ 6.100	$ 6.100	$ 30.500
Juros	0	0	0	0	0	0
Manutenção	0	0	0	0	0	0
Total	$ 6.100	$ 6.100	$ 6.100	$ 6.100	$ 6.100	$ 30.500

A melhor alternativa, neste caso, é a compra do equipamento, pois a economia será de $ 950 em relação ao aluguel do equipamento. Vale ressaltar que nem sempre a alternativa de compra será a melhor opção e vice-versa, pois tudo irá depender dos elementos (gastos) a serem analisados.

Outro exemplo a ser analisado se refere a um hotel que possui um espaço alugado por $ 20.000 ao ano, e deseja rever esse espaço para aumentar a área do seu restaurante. A reforma do local foi orçada em $ 75.000, mas, em contrapartida, propiciará um lucro anual de $ 50.000. Ao rescindir o contrato, o hotel terá de pagar uma multa de $ 25.000. O tempo estimado para a reforma é de cinco anos.

Neste caso, os elementos a serem analisados são:

» o aluguel;

» o custo da reforma;

» a multa contratual;

» o lucro projetado.

Observe as Tabelas 3.4 e 3.5.

Tabela 3.4 - Fluxo de caixa do aluguel

	Ano 1	Ano 2	Ano 3	Ano 4	Ano 5	Total
Aluguel perdido	$ 20.000	$ 20.000	$ 20.000	$ 20.000	$ 20.000	$ 100.000
Total	$ 20.000	$ 20.000	$ 20.000	$ 20.000	$ 20.000	$ 100.000

Tabela 3.5 - Fluxo de caixa para a reforma

	Ano 0	Ano 1	Ano 2	Ano 3	Ano 4	Ano 5	Total
Reforma	($ 75.000)	0	0	0	0	0	($ 75.000)
Rescisão	($ 25.000)	0	0	0	0	0	($ 25.000)
Lucro	0	$ 50.000	$ 50.000	$ 50.000	$ 50.000	$ 50.000	$ 250.000
Total	($ 100.000)	$ 50.000	$ 50.000	$ 50.000	$ 50.000	$ 50.000	$ 150.000

Neste caso, pode-se verificar que, no período zero (ano 0), há os gastos referentes à reforma ($ 75.000) e com a rescisão de contrato ($ 25.000), resultando, assim, em um investimento inicial para obtenção de benefício futuro, que será o lucro de $ 50.000 por ano.

Assim, o lucro projetado para cinco anos, descontado o valor da reforma e da rescisão contratual, gerará um resultado de $ 150.000. Se comparado ao que a empresa receberia de aluguel pelo mesmo período, ou seja, $ 100.000, a opção de reformar torna-se a melhor alternativa.

Essa relação custo *versus* benefício pode ser estabelecida na a decisão de compras de bens patrimoniais. Outro exemplo neste sentido se verifica em uma situação em que um laboratório de análises clínicas precisa trocar o equipamento antigo por um mais novo, que lhe traga maior capacidade de trabalho.

Os dados pesquisados entre os diferentes fornecedores referem-se a equipamentos com as mesmas características, cujas propostas foram as seguintes:

Tabela 3.6 - Cotação com fornecedores

	Fornecedor A	Fornecedor B
Valor do equipamento	$ 7.500	$ 9.400
Manutenção (anual)	$ 1.200	$ 750
Peças de reposição	$ 540	$ 620
Treinamento	$ 800	0
Vida útil	Cinco anos	Cinco anos

A decisão de compra deve ser tomada pela melhor oferta, por meio de uma análise do fluxo de caixa, considerando os elementos importantes para uma relação de custo *versus* benefício.

Tabela 3.7 - Fluxo de caixa fornecedor A

	Ano 1	Ano 2	Ano 3	Ano 4	Ano 5	Total
Depreciação	$ 1.500	$ 1.500	$ 1.500	$ 1.500	$ 1.500	$ 7.500
Manutenção	$ 1.200	$ 1.200	$ 1.200	$ 1.200	$ 1.200	$ 6.000
Peças para reposição	$ 540	$ 540	$ 540	$ 540	$ 540	$ 2.700
Treinamento	$ 800					$ 800
Total	$ 4.040	$ 3.240	$ 3.240	$ 3.240	$ 3.240	$ 17.000

Tabela 3.8 - Fluxo de caixa fornecedor B

	Ano 1	Ano 2	Ano 3	Ano 4	Ano 5	Total
Depreciação	$ 1.880	$ 1.880	$ 1.880	$ 1.880	$ 1.880	$ 9.400
Manutenção	$ 750	$ 750	$ 750	$ 750	$ 750	$ 3.750
Peças para reposição	$ 620	$ 620	$ 620	$ 620	$ 620	$ 3.100
Treinamento	0					0
Total	$ 3.250	$ 3.250	$ 3.250	$ 3.250	$ 3.250	$ 16.250

No comparativo entre os dois fornecedores, a oferta do fornecedor B mostrou um custo menor em $ 750, mesmo o equipamento tendo um valor maior ($ 1.900). Quando se comparam os valores anuais individualmente, com o fornecedor "A", há uma saída maior de recursos no primeiro ano, porém, a partir do segundo ano, os valores são menores em relação ao fornecedor "B".

Dessa forma, ao final da análise, a oferta com o preço do equipamento maior foi a melhor decisão a ser tomada. É comum ocorrer este tipo de situação, pois, em muitas das decisões, o parâmetro de comparação é apenas o custo do equipamento, e os gastos acessórios que o acompanham nesse tipo de análise ficam reduzidos a um dado secundário.

Vamos recapitular?

Verificamos que a gestão dos gastos das empresas envolve uma gama de processos que devem ser observados em toda e qualquer decisão de ordem operacional e estratégica nas empresas. O ato de decidir sobre as possíveis alternativas requer o conhecimento da estrutura dos gastos e a sensibilidade em buscar os parâmetros adequados a uma correta análise. Sendo assim, a relação custo *versus* benefício é um instrumento importante, que auxilia o administrador na busca pela melhor alternativa disponível no ambiente dos negócios.

Agora é com você!

1) Quais são as etapas importantes a serem cumpridas no processo de decisão sobre os gastos?

2) Quais aspectos devem ser ponderados nos processo de decisão sobre os gastos?

3) Certa empresa que trabalha com locação de material de áudio e vídeo precisa decidir se deve ou não trocar o equipamento de som por um mais moderno. Em um processo normal de cotação com três fornecedores, a empresa obteve os seguintes dados para análise:

Itens/Fornecedores	Fornecedor 1	Fornecedor 2	Fornecedor 3
Custo de aquisição	$ 12.900	$ 10.040	$ 11.020
Juros	10% no 1.º ano 7% do 2.º ao 4.º ano 1% no 5.º ano	8% ao ano (do 1.º ao 5.º ano)	7% ao ano (do 1.º ao 5.º ano)
Treinamento	$ 900	$ 2.800	$ 2.000
Vida útil	Cinco anos		

Observação: considere o cálculo dos juros sobre o valor total do equipamento.

Desta forma, por meio de um fluxo de caixa, determine:

a) Qual dos fornecedores ofereceu a melhor alternativa?

b) Suponha que os fornecedores 1 e 3 aceitassem o equipamento antigo como parte do pagamento. Entretanto, os juros do fornecedor 1 saltariam para 10% do 1.º ano ao 3.º ano e, nos dois últimos anos, a taxa seria de 4% a cada ano. Considere, ainda, que a avaliação do equipamento antigo fosse de $ 4.890 e que o valor do treinamento aumentasse para $ 1.080. Já o fornecedor 3 alteraria os juros para 10% a cada ano (do 1.º ao 5.º ano), considerando que a avaliação do equipamento fosse de $ 5.400 e o valor do treinamento permanecesse o mesmo. Qual seria a melhor alternativa diante deste cenário?

4) Considere que uma empresa promotora de eventos sociais precise adquirir um veículo utilitário, e a decisão deve ser pela compra do bem ou por fazer um *leasing*[1]. Observe os dados na tabela a seguir, considerando que todos esses elementos são relevantes.

Gasto	Compra	Leasing
Aquisição do veículo	$ 105.000	-
Leasing	-	$ 97.500
Juros	12% no período	14% no período
Manutenção (mensal)	$ 1.000	$ 1.000
Seguro	$ 3.500 no 1.º ano $ 3.000 no 2.º e 3.º anos $ 2.000 no 4.º e 5.º anos	$ 3.000 do 1.º ao 5.º ano
Vida útil	Cinco anos	Cinco anos

Com base nos dados expostos, determine a melhor opção para a empresa.

---

[1] *Leasing* é uma espécie de contrato de aluguel que se faz para aquisição de bens que, ao término do prazo do aluguel, dá ao locatário o direito de adquirir o bem.

Administração e Tomada de Decisão Sobre os Gastos

5) Com base no exercício anterior, suponha que a empresa possua um veículo antigo que poderá ser dado como parte do pagamento, cujo abatimento do valor financiado será de $ 8.500. Mantendo-se os resultados do *leasing*, determine a melhor alternativa.

6) A Balarini & Dalla é uma empresa que atua com eventos segmentados para o social, pois já explora esse mercado há quase duas décadas. Promove formaturas, casamentos e festas típicas. Entretanto, ao analisar os seus últimos resultados, percebeu que o produto "festas típicas" teve uma queda significativa nos últimos períodos, cujo desempenho dos produtos fora o seguinte:

	Casamento	Formatura	Festa típica	Total
Lucro bruto	$ 175.500	$ 141.100	$ 79.200	$ 395.800
Despesas	($ 118.000)	($ 105.000)	($ 72.000)	($ 295.000)
Lucro antes do IR	$ 57.500	$ 36.100	$ 7.200	$ 100.800
Imposto sobre a renda (40%)				($ 40.320)
Lucro líquido				$ 60.480

Apesar de a empresa não estar operando nenhum de seus produtos com prejuízo, a tendência é a de que, para o próximo período, isso já ocorra. Entretanto, há a seguinte situação:

O produto festa típica foi o grande responsável pela ascensão do produto formatura, pois o fato de estar mais próximo do público universitário fez com que fosse um sucesso.

A previsão é de que para o próximo período haja um prejuízo antes do IR no valor de $ 20.500, e, por isso, os proprietários pensam em retirá-lo do portfólio.

Se houver a opção de não trabalhar mais com o produto, o lucro bruto da formatura recuará em 35%, sem contar que as despesas teriam uma queda de apenas 5%. As despesas com a festa típica reduziria em 60%.

O produto casamento teria, porém, um acréscimo de 10% em seu lucro bruto, com as despesas permanecendo com o mesmo valor:

As alternativas são:

a) permanecer com o produto festa típica no portfólio de eventos da empresa, sofrendo os prejuízos, mas os demais produtos não sofreriam alteração;

b) desistir do produto festa típica e assumir os prejuízos.

Qual é a melhor opção?

Sistemas de Apuração dos Gastos

Para começar

Este capítulo apresenta as formas de apuração dos custos, demonstrando a importância dessa ferramenta para definir os critérios de distribuição dos gastos em função dos produtos ou serviços elaborados. Discutem-se as bases conceituais e os tipos de sistemas de custeio, em particular, o sistema por absorção, o ABC e o custeio variável, bem como os métodos de avaliação do estoque, mostrando, na prática, a lógica de cada um deles.

4.1 Conceito

Os sistemas de custeio referem-se à apuração dos custos nos processos operacionais de uma organização, em que tais custos são absorvidos ou direcionados aos bens ou serviços elaborados, com a finalidade de determinar um resultado. É importante ressaltar que, para um sistema de custo atingir sua finalidade, é necessário que haja o reconhecimento e o registro do custo, e que ocorram as devidas classificações em suas categorias e comportamentos, para que, enfim, sejam distribuídos para cada produto ou serviço.

Para Ching, Marques e Prado (2010), o processo de escolha do sistema de custos deve atender às necessidades da organização, pois, em muitos momentos, há questionamentos quanto ao melhor sistema ou até mesmo quanto ao mais eficiente. O melhor e mais eficiente sistema a ser adotado deverá ser aquele que permita ao gestor ter o controle sobre a incidência do gasto, que permita gerar rápidas informações e, finalmente, definir se o uso de um sistema de custos deve ser para fins gerenciais, fiscais ou se deve atender aos dois concomitantemente.

A busca por maior competitividade obriga as empresas a adotarem os sistemas de custeio, como um caminho para ter maior controle sobre os gastos correntes na atividade produtiva, além de permitir que o gestor tenha um panorama sobre a estrutura dos custos atribuídos a cada produto ou serviço no processo de elaboração.

A busca por controle sobre os gastos objetiva alcançar maior racionalidade nas decisões a serem tomadas, para assegurar que as diretrizes definidas e estabelecidas ocorram de maneira efetiva, quer seja em empresas de pequeno porte, quer seja em empresas de médio porte ou empresas de grande porte.

4.2 Tipologia dos sistemas de custeio

Os métodos de custeio que serão abordados nesta seção, ou seja, o custeio por absorção, o ABC e o custeio variável, diferenciam-se pela forma de apropriação no âmbito da operação nas organizações. O custeio por absorção apropria-se de todos os gastos incidentes na operação aos produtos ou serviços elaborados; o ABC tem o foco nos gastos indiretos e busca mapeá-los de acordo com o nível de atividade, para atribuir a cada produto ou serviço, e o custeio variável classifica os gastos como fixos e variáveis, em que os fixos se referem a gastos no período e os variáveis se relacionam com os custos de vendas.

4.2.1 Custeio por absorção

Este método considera a apropriação de todos os gastos relacionados à elaboração de um produto ou serviço. O custeio por absorção distingue entre os gastos os que se referem a custos e os que se referem a despesas, pois, contabilmente, esse fator pode fazer diferença no momento em que se apura o resultado. As despesas são apropriadas de maneira imediata, e os custos só terão o seu reconhecimento de imediato se houver a venda do produto ou serviço no mesmo período.

Segundo Ching, Marques e Prado (2010), os gastos indiretos só podem ser apropriados de maneira indireta, ou seja, por meio do estabelecimento de critérios arbitrários tanto para apropriação quanto para os rateios, além da estimativa de comportamento dos custos, pois, como abordado no Capítulo 2, esses gastos não estão diretamente relacionados ao processo de concepção do produto.

Neste contexto, Martins (2010) enfatiza a importância de se estabelecerem critérios consistentes de rateio para os gastos indiretos, pois qualquer alteração neles pode influenciar no resultado do produto, induzindo muitas vezes o administrador ao erro, principalmente quando se trata de analisar a situação entre ofertar ou não um determinado produto ao mercado consumidor.

Fique de olho!

Quando todos os produtos ou serviços elaborados são vendidos em um mesmo período, a mudança de critério não gera efeitos significativos nos resultados, entretanto, se as vendas não ocorrerem no mesmo período, discrepâncias significativas poderão acontecer (MARTINS, 2010).

Para exemplificar o método, considere a seguinte situação de uma empresa de serviços de *catering* com os respectivos gastos diretos e indiretos:

Quadro 4.1 - Gastos totais

Comissões de vendas	$ 30.500
Salários (produção)	$ 147.100
Consumo (estoque)	$ 415.900
Salários (administração)	$ 35.200
Depreciação dos equipamentos (produção)	$ 60.000
Seguros (produção)	$ 10.000
Despesas financeiras	$ 22.400
Participação nos resultados (diretoria)	$ 37.400
Materiais diversos (produção)	$ 19.080
Serviços públicos (produção)	$ 75.100
Manutenção (produção)	$ 46.010
Despesas com vendas	$ 32.600
Correios, telefone	$ 9.700
Materiais diversos (administração)	$ 4.300

Condicionais:

Suponha que a empresa possua duas linhas de produtos para elaboração, cuja apropriação deverá ocorrer de acordo com o consumo proporcional da matéria-prima, conforme segue:

Produto 1 = 65%

Produto 2 = 35%

Para os gastos referentes aos salários, $ 75.400 do total verificado se refere a gasto direto, cujo critério de rateio será de 45% para o produto 1 e 55% para o produto 2.

O primeiro passo é separar os gastos diretos dos indiretos de elaboração das despesas administrativas, conforme Quadro 4.2:

Quadro 4.2 - Gastos diretos e indiretos

Itens	Gasto direto		Gasto indireto	Total
	Produto 1	Produto 2		
Consumo	$ 270.335	$ 145.565	0	$ 415.900
Salários (produção)	$ 33.930	$ 41.470	$ 71.700	$ 147.100
Depreciação dos equipamentos	0	0	$ 60.000	$ 60.000
Seguros (produção)	0	0	$ 10.000	$ 10.000
Materiais diversos (produção)	0	0	$ 19.080	$ 19.080
Serviços públicos (produção)	0	0	$ 75.100	$ 75.100
Manutenção (produção)	0	0	$ 46.010	$ 46.010
Total	$ 304.265	$ 187.035	$ 281.890	$ 773.190

Sistemas de Apuração dos Gastos

Os gastos com produção para os dois produtos correspondem a $ 773.190, dos quais $ 491.300 já foram alocados nos respectivos produtos, porém $ 281.890 ainda precisam ser alocados. Portanto, esse será o passo seguinte.

O segundo passo será a distribuição dos gastos indiretos de elaboração para os dois produtos existentes. O problema deste procedimento é o desconhecimento das proporções reais de cada um desses itens para a alocação em cada um dos produtos. Sendo o critério de rateio dos gastos indiretos executado de maneira arbitrária, serão utilizadas também aqui as mesmas proporções adotadas para os gastos diretos relativos aos salários dos gastos diretos, ou seja, 45% para o produto 1 e 55% para o produto 2.

Quadro 4.3 - Consolidação dos gastos

	Gastos diretos		Gastos indiretos		Total
	$	%	$	%	
Produto 1	$ 319.345	65%	$ 126.850	45%	$ 446.195
Produto 2	$ 171.955	35%	$ 155.040	55%	$ 326.995
Total	$ 491.300	100%	$ 281.890	100%	$ 773.190

O critério adotado para a distribuição dos gastos indiretos de elaboração foi a proporção dos gastos com mão de obra. Esse fato pode gerar discrepâncias na avaliação dos gastos, pois pode não refletir o real gasto indireto de cada produto, reduzindo, assim, o grau de fidedignidade dos resultados, levando ao erro de decisão.

Neste contexto, Ferreira (2007) externa um aspecto não vantajoso deste método, que é a questão de a alocação dos gastos indiretos fixos terem como base a proporção do consumo de insumos ou de mão de obra direta, caracterizando uma arbitrariedade na definição dos critérios para a distribuição dos gastos. Martins (2010) também destaca que o custeio por absorção traz poucas informações sobre fins gerenciais para tomada de decisão pelo administrador.

Por outro lado, alguns aspectos vantajosos podem-se destacar:

a) atende aos aspectos da contabilidade societária no tocante aos dados relativos ao patrimônio e ao resultado;

b) atende às exigências fiscais quanto à legislação do imposto sobre a renda;

c) reconhece os gastos com elaboração somente quando ocorre a venda do produto ou serviço;

d) permite uma formação do preço de venda de maneira mais real, em razão dos gastos totais da empresa, além dos custos unitários de elaboração.

Cabe ressaltar que esse sistema pode ser desenvolvido considerando-se ou não a departamentalização, ou seja, a distribuição dos gastos pode ser feita desde as grandes áreas, como pode ser estendida até os departamentos no âmbito organizacional. A Figura 4.1 apresenta o esquema de distribuição dos gastos indiretos por departamentos.

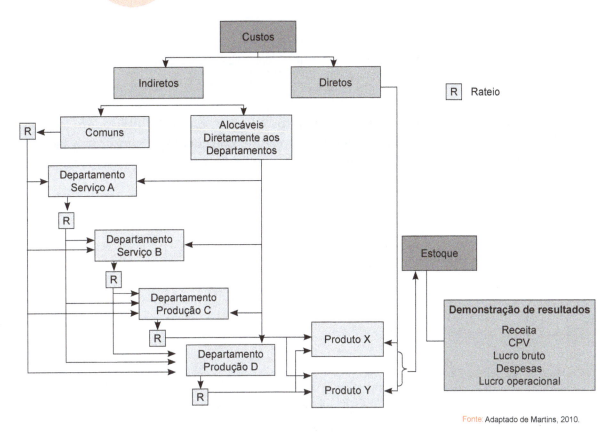

Figura 4.1 - Esquema de apropriação de gasto indireto.

Os procedimentos a serem adotados para a execução da distribuição (rateio) dos gastos para cada departamento são:

1) segregar os custos e despesas;

2) alocar os gastos diretos nos respectivos produtos ou serviços elaborados;

3) alocar os gastos indiretos que pertencem claramente aos departamentos, porém, os gastos indiretos que forem comuns devem ser anotados à parte;

4) executar o rateio dos gastos indiretos que forem comuns aos departamentos existentes;

5) elaborar a sequência de rateio dos gastos acumulados nos departamentos de serviços e sua distribuição para os demais departamentos;

6) atribuir os gastos indiretos a cada um dos produtos ou serviços elaborados.

Esses procedimentos, porém, irão depender da estrutura organizacional da empresa e dos processos de trabalho, com suas respectivas etapas. O importante neste contexto é o administrador ter claramente definido o processo de execução para elaboração do produto, pois, a partir disso, fica clara e viável a aplicabilidade da distribuição dos gastos.

> **Fique de olho!**
>
> Departamentalização é a unidade mínima administrativa para a contabilidade de custos, representada por pessoas e máquinas, em que se desenvolvem atividades homogêneas (MARTINS, 2010, p. 65).

No exemplo sobre distribuição dos gastos diretos e indiretos, não foi utilizado o processo de alocação das despesas para cada departamento. Entretanto, considere que um centro laboratorial para diagnósticos já possua a distribuição dos gastos para elaboração dos serviços alocados para os seus produtos, conforme segue:

Quadro 4.4 - Custos diretos dos produtos

Produto	Custos diretos
Produto X	$ 20.400
Produto Y	$ 15.600
Produto Z	$ 28.000
Total	$ 64.000

Os gastos indiretos são:

Quadro 4.5 - Gastos indiretos dos serviços

Gasto	Valores
Depreciação de equipamentos	$ 34.600
Manutenção dos equipamentos	$ 20.400
Serviços públicos	$ 12.000
Total	$ 67.000

A maior relevância dos gastos indiretos refere-se aos equipamentos que correspondem à atividade-fim do centro médico. Desta maneira, o critério a ser adotado é quanto cada serviço executado se utiliza do funcionamento dos equipamentos para realizar os exames. Sabendo que o tempo de trabalho total dos equipamentos será de mil horas-máquina, a distribuição para cada serviço ficou assim:

Quadro 4.6 - Consumo de hora-máquina por produto

Produto	Hora-máquina
Produto X	350 horas (35%)
Produto Y	150 horas (15%)
Produto Z	500 horas (50%)
Total	1.000 horas (100%)

Portanto, ao aplicar as proporções referentes a cada nível de consumo dos produtos nos gastos indiretos, tem-se:

Quadro 4.7 - Resumo dos gastos diretos e indiretos por produto

	Gastos diretos		Gastos indiretos		Total
	$	%	$	%	
Produto X	$ 20.400	32%	$ 23.450	35%	$ 43.850
Produto Y	$ 15.600	24%	$ 10.050	15%	$ 25.650
Produto Z	$ 28.000	44%	$ 33.500	50%	$ 61.500
Total	$ 64.000	100%	$ 67.000	100%	$ 131.000

Para ocorrer a departamentalização, considerando que a execução do processo de prestação de serviço envolve três áreas, os dados de hora-máquina ficam assim distribuídos por produto:

Quadro 4.8 - Distribuição do consumo de hora-máquina por área de serviço e por produto

	Área 1	Área 2	Área 3	Total
Gasto	Hora-máquina	Hora-máquina	Hora-máquina	Hora-máquina
Produto X	-	50	300	350 horas
Produto Y	150	-	-	150 horas
Produto Z	180	200	120	500 horas
Total	330	250	420	1.000 horas

Considerando que os gastos indiretos também não são uniformes, tem-se os seguintes custos médios por hora-máquina:

Quadro 4.9 - Gastos indiretos por área de serviços

	Área 1	Área 2	Área 3	Total
Depreciação de equipamentos	$ 12.400	$ 8.900	$ 13.300	$ 34.600
Manutenção dos equipamentos	$ 6.200	$ 9.100	$ 5.100	$ 20.400
Serviços públicos	$ 3.400	$ 5.000	$ 3.600	$ 12.000
Total	$ 22.000	$ 23.000	$ 22.000	$ 67.000
Custo médio/hm	$ 22.000/330 hm = $ 66,67/hm	$ 23.000/250 hm = $ 92,00/hm	$ 22.000/420 hm = $ 52,38/hm	$ 67.000/1.000 hm = $ 67,00/hm

Assim, os custos por produto e por área, em que os resultados irão se formar considerando-se o valor unitário de hora-máquina multiplicado pela quantidade, de acordo com o Quadro 4.8, ficariam assim discriminados:

Quadro 4.10 - Gastos indiretos por produto efetivos por área

	Área 1	Área 2	Área 3	Total
Produto X	-	$ 4.600	$ 15.714	$ 20.314
Produto Y	$ 10.000	-	-	$ 10.000
Produto Z	$ 12.000	$ 18.400	$ 6.286	$ 36.686
Total	$ 22.000	$ 23.000	$ 22.000	$ 67.000
Custo médio/hm	$ 66,67/hm	$ 92,00/hm	$ 52,38/hm	$ 67,00/hm

Sistemas de Apuração dos Gastos

É possível perceber que os resultados obtidos por área são iguais aos valores do Quadro 4.9, entretanto, quando se comparam produtos, percebe-se que nem todos se utilizam dos serviços das três áreas do processo. Isso é importante ressaltar porque essas estruturas de gastos indiretos para elaboração do produto irão influenciar diretamente o preço ao consumidor final.

Ao se fazer um comparativo entre o processo de distribuição considerando-se a departamentalização (Quadro 4.10) e não se considerando a departamentalização (Quadro 4.7) para os gastos indiretos, tem-se:

Quadro 4.11- Resumo do rateio dos gastos com e sem departamentalização

| | Gastos Indiretos | | | |
| | Sem departamentalização | Com departamentalização | Diferenças | |
			Em $	Em %
Produto X	$ 23.450	$ 20.314	($ 3.136)	(13%)
Produto Y	$ 10.050	$ 10.000	($ 50)	(0,5%)
Produto Z	$ 33.500	$ 36.686	$ 3.186	10%
Total	$ 67.000	$ 67.000		

Observando o quadro das diferenças, é possível perceber as variações que evidenciam as distorções nos rateios dos gastos quando se compara uma situação de rateio sem a utilização da departamentalização, com a utilização da departamentalização, ao se apropriar dos gastos em função das etapas do processo de execução dos serviços. Os resultados apontam para uma redução das distorções quando se busca departamentalizar a distribuição dos gastos, e, neste caso, haveria a necessidade de reduzir os gastos para os produtos X e Y e aumentar os produtos Z, pois tais diferenças têm influência na determinação do preço dos produtos.

O processo de departamentalização dos gastos funciona tanto para a área produtiva da empresa como para a área não produtiva. Esta última também é denominada como área de serviços da organização, possuindo despesas correntes em função de suas atividades, que, por sua vez, precisam ser absorvidas pelos produtos.

Para exemplificar essa situação, podemos considerar que esse mesmo centro laboratorial para diagnósticos, além dos gastos indiretos para o processo produtivo, possua despesas nas áreas de serviço, conforme o Quadro 4.12.

Quadro 4.12 - Despesas por departamento de serviços

Departamento	Gasto (em $)
Financeiro	$ 74.500
RH	$ 54.200
Marketing	$ 130.100
Comercial	$ 180.300
Total	$ 439.100

A partir da hierarquização dos departamentos, em que cada um gera demanda a outros departamentos, o administrador atribuiu o percentual de alocação de acordo com o histórico de transferência da empresa, conforme o Quadro 4.13.

Quadro 4.13 - Mapa de percentuais de rateio das despesas

Depto	Área 3	Área 2	Área 1	Comercial	Marketing	RH	Financeiro	Total
Financeiro	20%	22%	18%	18%	11%	7%	4%	$ 74.500
RH	14%	27%	23%	19%	14%	3%		$ 54.200
Marketing	29%	27%	27%	14%	3%			$ 130.100
Comercial	35%	23%	40%	2%				$ 180.300

O critério para a transferência das despesas entre os departamentos será de acordo com o número proporcional de funcionários em cada um, conforme o Quadro 4.14.

Quadro 4.14 - Número de funcionários por departamento

	Financeiro	RH	Marketing	Comercial	Área 1
Financeiro	9				
RH	12	12			
Marketing	14	14	14		
Comercial	23	23	23	23	
Área 1	16	16	16	16	16
Área 2	18	18	18	18	18
Área 3	16	16	16	16	16
	108	99	87	73	50

Quanto ao critério de distribuição das áreas 1, 2 e 3, para os produtos X, Y e Z, será de acordo com o uso proporcional da hora-máquina, conforme o Quadro 4.8. Portanto, o mapa de rateio das despesas entre os departamento e áreas ficará discriminado conforme o Quadro 4.15.

Quadro 4.15 - Mapa de rateio das despesas

Depto.	Área 3	Área 2	Área 1	Comercial	Marketing	RH	Financeiro	Total
Financeiro	$ 14.900	$ 16.390	$ 13.410	$ 13.410	$ 8.195	$ 5.215	$ 2.980	$ 74.500
RH	$ 7.588	$ 14.634	$ 12.466	$ 10.298	$ 7.588	$ 1.626	-	$ 54.200
Marketing	$ 37.729	$ 35.127	$ 35.127	$ 18.214	$ 3.903	-	-	$ 130.100
Comercial	$ 63.105	$ 41.469	$ 72.120	$ 3.606	-	-	-	$ 180.300
Subtotal	$ 123.322	$ 107.620	$ 133.123	$ 45.528	$ 19.686	$ 6.841	$ 2.980	$ 439.100
Rateio deptos.								
Financeiro	$ 482	$ 542	$ 482	$ 692	$ 421	$ 361	($ 2.980)	
RH	$ 1.325	$ 1.490	$ 1.325	$ 1.904	$ 1.159	($ 7.202)	-	
Marketing	$ 4.661	$ 5.244	$ 4.661	$ 6.700	($ 21.266)	-	-	
Comercial	$ 17.544	$ 19.737	$ 17.544	($ 54.825)	-	-	-	
Subtotal	$ 147.333	$ 134.633	$ 157.134	-	-	-	-	$ 439.100

Sistemas de Apuração dos Gastos

Depto.	Área 3	Área 2	Área 1	Comercial	Marketing	RH	Financeiro	Total
Produto X	$ 51.567	$ 47.121	$ 54.997	-	-	-	-	$ 153.685
Produto Y	$ 22.100	$ 20.195	$ 23.570	-	-	-	-	$ 65.685
Produto Z	$ 73.667	$ 67.316	$ 78.567	-	-	-	-	$ 219.550
Total	$ 147.333	$ 134.633	$ 157.134	-	-	-	-	$ 439.100

Por fim, ao se consolidarem os gastos indiretos dos serviços com as despesas dos departamentos, o Quadro 4.16 consolida os dados alocados por produto.

Quadro 4.16 - Consolidação de gastos

	Gastos diretos		Gastos indiretos		Despesas		Total
	$	%	$	%	$	%	
Produto X	$ 20.400	32%	$ 23.450	35%	$ 153.685	35%	$ 197.535
Produto Y	$ 15.600	24%	$ 10.050	15%	$ 65.685	15%	$ 91.335
Produto Z	$ 28.000	44%	$ 33.500	50%	$ 219.550	50%	$ 281.050
Total	$ 64.000	100%	$ 67.000	100%	$ 439.100	100%	$ 569.920

4.2.2 Custeio baseado em atividades (ABC)

O termo ABC significa *Activity-Based Costing*, ou seja, é o custo com base na atividade. Segundo Megliorini (2012), é um método de custeio que parte do pressuposto de que os recursos das empresas são consumidos em razão de suas atividades operacionais, assim, os gastos indiretos são apropriados conforme a demanda em que cada departamento ou centro de custo necessita de serviços das demais áreas da organização.

A finalidade deste método é reduzir as distorções que ocorrem em função dos rateios arbitrários dos gastos indiretos, abordados na seção anterior. Entretanto, Martins (2010) enfatiza que a aplicabilidade deste método pode servir também para os gastos diretos, principalmente quando se referir aos gastos com mão de obra direta.

> **Amplie seus conhecimentos**
>
> O método de custeio ABC foi desenvolvido pelos professores Robert Kaplan e Robin Cooper na década de 1980, na Universidade de Harvard. Para saber mais, acesse: <http://www.parceriaconsult.com/pagina_multipla_especial_II.asp?intCodMenu=2&strTitulo=Produtos&strImagemTitulo=secaoGD_produtos.gif&intCodPagina=22>.

A alta competitividade, o avanço tecnológico e a complexidade crescente nas atividades empresariais, somados ao aumento da estrutura dos custos, principalmente os indiretos, demandou a necessidade de desenvolver um sistema que buscasse evidenciar a base dos custos incidentes no processo produtivo das organizações.

A proposição do método de custeio ABC é distribuir os gastos indiretos de acordo com a atividade exercida em cada departamento ou centro de custo, pois cada um desses departamentos é gerador dos custos de operação. Em outras palavras, o custeio ABC busca rastrear o agente causador do gasto, para então apropriar-se do custo de maneira total ou parcial.

Este rastreamento do custo em cada atividade tem o objetivo de verificar quais são os portadores finais que consumiram os serviços do departamento ou centro de custo. Nesta metodologia, toda e qualquer atividade executada na empresa gera um custo, pois os produtos ou serviços elaborados fazem uso dessas atividades, cuja referência para a atribuição dos custos são os denominados direcionadores das atividades.

O processo de atribuição dos gastos por meio das atividades departamentais deve seguir algumas etapas, que, para Megliorini (2012), são:

a) identificar as atividades executadas em cada departamento;

b) atribuir os custos dos recursos que devem ser realizados: i) pela apropriação direta, quando for possível identificar os recursos de uma atividade específica; ii) pelo rastreamento por meio de direcionadores que representem a relação entre o recurso e a atividade; iii) pelo rateio, quando não houver condições de apropriar diretamente ou por rastreamento, em que se efetua o rateio considerando uma base adequada.

> **Fique de olho!**
>
> Direcionadores: são fatores que determinam o custo de uma atividade. Eles podem ser classificados como direcionadores de recursos e direcionadores de atividade.
>
> Direcionadores de recursos: identificam a maneira como a atividade consome os recursos e serve para custear as atividades.
>
> Direcionadores de atividades: identificam a maneira como os produtos consomem a atividade, ou seja, identificam a relação entre a atividade e o produto. (MARTINS, 2010, p.96.)

Alguns exemplos podem refletir melhor a identificação das atividades:

Quadro 4.17 - Departamentos e suas respectivas atividades

Departamentos	Atividades
Compras	Adquirir materiais e desenvolver fornecedores
Almoxarifado	Receber e movimentar materiais
Lavanderia	Lavar e esterilizar enxoval hospitalar

Ao identificar as atividades, deve-se relacioná-las com os seus respectivos direcionadores, conforme exemplo a seguir, no Quadro 4.18:

Quadro 4.18 - Relação entre as atividades e seus respectivos direcionadores

Departamentos	Atividades	Direcionadores
Compras	Adquirir materiais	Número de pedidos
	Desenvolver fornecedores	Número de fornecedores
Almoxarifado	Receber materiais	Número de recebimentos de materiais
	Movimentar materiais	Número de requisições
Lavanderia	Lavar e esterilizar enxoval hospitalar	Tempo de lavagem

Sistemas de Apuração dos Gastos

A Figura 4.2 representa o modelo de custeio ABC em dois estágios, para determinar o custo do produto ou serviço, considerando os direcionadores de recursos e de atividade.

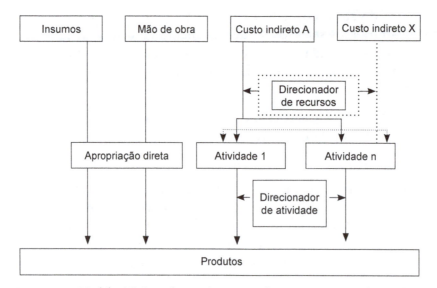

Figura 4.1 - Modelo ABC em dois estágios para determinar o custo do produto.
(Fonte: Adaptado de Megliorini, 2012)

O processo de apuração de custo pelo custeio ABC traz aspectos vantajosos, como:

» informações gerenciais mais fidedignas;
» funcionalidade satisfatória em empresas do setor de serviços;
» redução de rateios arbitrários;
» conformidade com os princípios contábeis;
» proporciona uma visão ampla do fluxo dos processos;
» possibilita a eliminação de atividades que não agregam valor à operação;
» permite maior transparência quanto aos itens que possuem maior consumo dos recursos;
» pode ser implantado em diversas modalidades organizacionais (indústria, comércio, serviços e até mesmo em entidades sem fins lucrativos).

Entretanto, o custeio ABC apresenta as seguintes desvantagens:

» excessivos gastos no processo de implantação;
» necessidade de uma base de dados elevada;
» informações de difícil verificação;
» alto comprometimento dos funcionários da organização;
» necessidade de mão de obra altamente qualificada;
» necessidade de elaboração de padrões de procedimentos.

Para exemplificar a aplicabilidade do método, considere a situação a seguir, que consiste no processo de melhoria da empresa junto aos pontos de distribuição dos produtos, cujo departamento de Marketing irá propor intervenções pontuais com o objetivo de obter melhores resultados.

Tabela 4.1 - Informações sobre os produtos

Informações	Produto 1	Produto 2
Volume de serviços	12.000	10.000
Custo Unitário do Produto		
Componentes primários (variável)	$ 30	$ 40
Mão de obra	$ 20	$ 30

Os gastos indiretos levantados para esta ação são:

Tabela 4.2 - Gastos indiretos

Atividades a serem desenvolvidas	Valores dos gastos
Realinhamento do conceito do padrão de produto oferecido	$ 100.000
Compensação de serviços em desacordo	$ 20.400
Melhorias nos pontos de distribuição	$ 280.000
Controle de qualidade	$ 242.000
Total	$ 642.000

Os direcionadores de atividade e os gastos indiretos atrelados a cada produto são:

Tabela 4.3 - Direcionadores de atividade e gastos indiretos dos produtos

Direcionadores de atividade	Quantidade de direcionadores de custo por produto		
	Produto 1	Produto 2	Total
Quantidade de horas dos analistas de marketing	200	300	500
Quantidade de serviços em desacordo	1.000	1.400	2.400
Quantidade de pontos de venda	3.000	7.000	10.000
Volume de geração de serviços	12.000	10.000	22.000

A partir dos dados expostos, o primeiro passo será o cálculo do custo indireto unitário de cada direcionador, conforme o Quadro 4.19.

Quadro 4.19 - Custo indireto unitário de cada direcionador

O que precisa ser feito (atividades)	Como deverá ser feito (direcionadores)	Valores	Quantidade	Custo indireto unitário
Realinhamento do conceito do padrão de produto oferecido	Quantidade de horas dos analistas de marketing	$ 100.000	500	$ 200
Compensação de serviços em desacordo	Quantidade de serviços em desacordo	$ 20.400	2.400	$ 8,50
Melhorias nos pontos de distribuição	Quantidade de pontos de venda	$ 280.000	10.000	$ 28
Controle de qualidade	Volume de geração de Serviços	$ 242.000	22.000	$ 11

Para facilitar o entendimento, cada atividade a ser executada foi alinhada a cada um dos direcionadores, que, por sua vez, possui as quantidades totais relacionadas às quantidades de horas de trabalho dos analistas de marketing, à quantidade de serviços em desacordo, ao número de pontos de venda e ao quanto isso gera de serviços vendidos.

Parte-se do princípio de que essas métricas de relacionamento dos direcionadores estão alinhadas aos padrões estabelecidos nos estudos levantados pela organização, e de que são aplicáveis à situação proposta.

O terceiro e último passo é alocar o valor de cada gasto indireto, conforme o Quadro 4.20, proporcionalmente, a cada produto, de acordo com o nível de atividade de cada um, chegando-se, assim, aos gastos indiretos totais e unitários dos produtos.

Quadro 4.20 - Mapa de rateio dos gastos indiretos

Atividades relevantes do departamento de Marketing	Produto 1	Produto 2	Total
Realinhamento do conceito do padrão de produto oferecido	$ 40.000 (200 x $ 200)	$ 60.000 (300 x $ 200)	$ 100.000
Compensação de serviços em desacordo	$ 8.500 (1.000 x $ 8,50)	$ 11.900 (1.400 x $ 8,50)	$ 20.400
Melhorias nos pontos de distribuição	$ 84.000 (3.000 x $ 28,00)	$196.000 (7.000 x $ 28,00)	$ 280.000
Controle de qualidade	$ 132.000 (12.000 x $ 11,00)	$ 110.000 (10.000 x $ 11,00)	$ 242.000
Custo Indireto Total	$ 264.500	$ 377.900	$ 642.400
Volume de geração de serviços	12.000	10.000	22.000
Custo Indireto Unitário	$ 22,04	$ 37,79	
Custos diretos de elaboração			
Insumos	$ 20,00	$ 40,00	
Mão de obra	$ 30,00	$ 30,00	
Custo direto unitário	$ 50,00	$ 70,00	
Custo unitário total (indireto + direto)	$ 72,04	$ 107,79	

No tocante à departamentalização, o procedimento deverá ser o mesmo, ou seja, os departamentos envolvidos na análise deverão ser identificados pelo fluxo de atividade. Segundo Martins (2010), a divisão dos departamentos em centros de custos facilita o processo de verificação, pois possibilita maior grau de precisão no rastreamento.

Este aspecto é importante, uma vez que um centro de custo pode executar uma atividade em sua totalidade, pode executar uma atividade em parte – daí se caracterizaria como tarefa – e pode executar mais de uma atividade – que pode ser uma função, por exemplo. Em todas as situações, haverá a necessidade de adequar as informações por meio da contabilidade de custos, pois o custeio ABC se pauta nos centros de atividades.

Quanto aos direcionadores, a escolha dos parâmetros adequados passa a ser fundamental neste processo, pois é por meio deles que irão se formar as referências quanto às atividades a serem executadas na empresa, para atribuir a alocação de cada recurso em função do fluxo de trabalho nos centros de custos.

4.2.3 Custeio variável

É um método de apuração que considera como custo de produção de bens ou elaboração de serviços apenas os custos variáveis incorridos no processo produtivo. Trata-se de uma metodologia que ignora a parte fixa dos gastos indiretos, considerando-os como despesas incorridas no período.

Para Ching, Marques e Prado (2010), os gastos são classificados de acordo com o seu comportamento, ou seja, variam em função da quantidade elaborada ou do volume de vendas. A partir da dedução dos gastos variáveis das receitas, o resultado será a margem de contribuição, e dessa margem serão deduzidos os gastos fixos.

Segundo Megliorini (2012), esta é a razão para não se apropriarem os gastos fixos aos produtos, pois estes gastos têm a finalidade de manter a estrutura de funcionamento da empresa, ou seja, referem-se às áreas de apoio das organizações e não à produção de um bem ou à elaboração de um serviço.

Algumas vantagens no sistema de custeio variável podem ser assim descritas, de acordo com Ching, Marques e Prado (2010):

» o lucro não é afetado pelas alterações na absorção dos gastos fixos, resultante das alterações do volume de vendas;

» dados referentes ao lucro marginal facilitam a apreciação relativa do produto ou serviço, por tipo de clientes e outros segmentos do negócio da empresa, sem que os resultados sejam encobertos pela alocação do gasto fixo;

» elimina a oscilação do lucro gerada pela diferença entre a produção e o volume de vendas;

» permite realizar análises sobre o ponto de equilíbrio;

» possui aplicabilidade simples em comparação com o método de absorção e com o custeio ABC.

Fique de olho!

O método de custeio variável terá uma abordagem mais detalhada no Capítulo 5, em que se discutirão o ponto de equilíbrio, a margem de contribuição e o CVL.

Como desvantagem, é possível verificar que o método de custeio variável não considera os gastos semivariáveis, em que se separa a parte fixa da parte variável, além da subavaliação do custo do produto ou serviço no que se refere aos investimentos no item estoque na empresa.

Cabe ressaltar que é um sistema que, em sua essência, não está em consonância com os princípios contábeis da competência e da confrontação das despesas e receitas. Esse fato não permite, por exemplo, que se use esse critério para a avaliação do estoque, pois a autoridade tributária (fisco) e os auditores independentes não reconhecem o custeio variável como método de avaliação do estoque ou da apuração do custo do produto.

Sistemas de Apuração dos Gastos

No tocante à separação dos custos semivariáveis, nem sempre é fácil executar esse desmembramento do gasto. Algumas metodologias são utilizadas, conforme poderá ser verificado no exemplo a seguir.

O PLR Inn é um empreendimento com 190 unidades habitacionais (UHs). A estrutura dos gastos indiretos do empreendimento possui oscilações em função do nível de ocupação no hotel. Neste exemplo, para elaborar o desmembramento dos gastos indiretos, será utilizado o método dos pontos máximos e mínimos, que consiste em verificar os pontos extremos dos elementos a serem analisados entre o menor nível e o maior nível, cuja diferença entre os pontos irá se caracterizar como custo variável.

Ao se dividir a diferença dos custos pela diferença do número de UHs, o resultado será o custo variável unitário. Para determinar o custo variável total, deverá haver a multiplicação do custo unitário pela quantidade de UHs vendidas no período mensal. Por fim, a diferença entre o gasto total e o gasto variável será a parcela fixa.

Desta maneira, considerando que um hotel trabalha 365 dias por ano e que o nível de ocupação mensal oscila de um mês para outro, tem-se:

Tabela 4.4 - Número de UHs vendidas e gasto total em cada mês

Mês	UHs vendidas	Gasto total
Janeiro	27.740	$ 162.300
Fevereiro	31.208	$ 174.900
Março	38.142	$ 203.600
Abril	40.917	$ 212.100
Maio	42.997	$ 218.040
Junho	45.078	$ 227.120
Julho	41.610	$ 224.950
Agosto	48.545	$ 247.680
Setembro	52.013	$ 254.320
Outubro	55.480	$ 271.200
Novembro	58.946	$ 280.010
Dezembro	50.945	$ 245.870

No período verificado, o ponto máximo é observado no mês de novembro, e o ponto mínimo foi identificado no mês de janeiro.

Tabela 4.5 - Pontos máximo e mínimo acompanhados do valor da variação

Mês	UHs vendidas	Gasto total
Janeiro	27.740	$ 162.300
Novembro	58.946	$ 280.010
Variação	31.206	$ 117.710

A diferença de $ 117.000 refere-se ao gasto variável, que corresponde à diferença de 31.206 UHs. Assim, o custo variável unitário será:

$$\frac{\$\ 117.000}{31.206} = \$\ 3,77/UH$$

Multiplicando-se pelo valor do volume de vendas do mês de janeiro, tem-se:

Gasto variável total = custo variável unitário x número de UHs vendidas

Gasto variável total = $ 3,77 × 27.740 = $ 104.578

Parte fixa = Gasto variável total – gasto variável total

Parte fixa = $ 162.300 – $ 104.578

Parte fixa = $ 57.722

Ou seja, do total dos gastos no mês de fevereiro, $ 57.722 correspondeu à parte fixa, e o restante, $ 104.578, correspondeu à parte variável, em função do volume de vendas do hotel. Ao seguir o mesmo critério para os demais meses, a distribuição ficou da seguinte maneira:

Tabela 4.6 - Distribuição dos gastos para os demais meses

Mês	UHs vendidas	Gasto total	Parte fixa	Parte variável
Janeiro	27.740	$ 162.300	$ 57.722	$ 104.578
Fevereiro	31.208	$ 174.900	$ 57.246	$ 117.654
Março	38.142	$ 203.600	$ 59.805	$ 143.795
Abril	40.917	$ 212.100	$ 57.843	$ 154.257
Maio	42.997	$ 218.040	$ 55.941	$ 162.099
Junho	45.078	$ 227.120	$ 57.176	$ 169.944
Julho	41.610	$ 224.950	$ 68.080	$ 156.870
Agosto	48.545	$ 247.680	$ 64.665	$ 183.015
Setembro	52.013	$ 254.320	$ 58.231	$ 196.089
Outubro	55.480	$ 271.200	$ 62.040	$ 209.160
Novembro	58.946	$ 280.010	$ 57.784	$ 222.226
Dezembro	50.945	$ 245.870	$ 53.807	$ 192.063

Apesar de os pontos levantados nos meses de janeiro e novembro representarem, respectivamente, os valores mínimos e máximos, percebe-se que a parte fixa se mostrou mais representativa no mês de julho, com $ 68.080, em contrapartida, o mês que apresentou menor representatividade foi dezembro, com $ 53.807.

Fique de olho!

Esta forma de estabelecer os mínimos e máximos considera apenas os extremos. Se os valores intermediários forem, porém, muito mais significativos, poderá haver distorção nos resultados finais do gasto variável.

4.2.4 Métodos de avaliação do estoque

A matéria-prima e outros insumos básicos que compõem a elaboração de um bem ou serviço no processo produtivo são apropriados ou absorvidos pelos produtos, de acordo com o seu valor histórico. Segundo Martins (2010), os problemas relacionados com os materiais e insumos podem ser relacionados em três campos distintos:

a) avaliação: qual é o valor de atribuição quando há, sistematicamente, aquisição de vários lotes de compras ou mesmo a aquisição de serviços rotineiramente, com preços diferentes em cada uma das aquisições?;

b) controle: como distribuir ou alocar as funções de compras, como pedidos, atendimento por pessoas diferentes, e como desenhar as requisições, planejar o fluxo de atividade e executar inspeções para verificar o efetivo consumo nas finalidades às quais foram requisitadas?;

c) programação: quando comprar, em qual quantidade, fixar lotes econômicos de compra e estabelecer o estoque mínimo de segurança.

Apesar de todas as metodologias exercerem um grau de importância no contexto da empresa, o processo de avaliação se faz necessário, principalmente por tratar do estoque ou dos insumos básicos para elaborar um produto ou serviço para revenda, embora o pressuposto do controle e a programação sejam atividades que permearão o sistema de custos da organização.

Deste modo, a composição dos valores dos insumos incorridos no processo deverá conter todos os gastos relativos ao bem (ativo) em condições de uso ou de venda, incorporando o valor deste bem (MARTINS, 2010). Neste caso, a razão para se aplicar os métodos recai sobre a apuração dos custos reais relacionados às vendas. Ressalta-se aqui que, além do aspecto do lucro, outros elementos também influenciam as decisões quanto aos métodos de avaliação, como:

» a aceitação pela autoridade tributante;

» a praticidade na execução do método;

» a objetividade da metodologia aplicada;

» a utilidade do método para fins gerenciais.

O método escolhido pelo administrador terá influência direta no resultado contábil da organização, por isso, quanto maior for o estoque reportado, maior será o lucro apurado, ou menor será o prejuízo. Ao se observarem os diversos fatores acerca dos custos de aquisição, surge o problema do método mais adequado para se implantar.

Assim, os métodos mais comuns de avaliação de estoque são:

» PEPS – o primeiro que entra é o primeiro que sai;

» UEPS – o último que entra é o primeiro que sai;

» média ponderada.

No sistema PEPS, na medida em que vão ocorrendo as vendas, as baixas do estoque são feitas pelos primeiros lotes ou unidades que ingressaram na empresa. A lógica dos lançamentos é executada de maneira sistemática, em que os resultados obtidos espelharão o custo nas saídas dos insumos. A logística estabelecida para os materiais diretos representará uma forma ordenada e contínua no tocante a entradas e saídas de materiais, para que se evitem perdas.

O exemplo a seguir representa a apuração do valor do estoque pelo Método PEPS, considerando os seguintes eventos contábeis:

Tabela 4.7 - Apuração do valor do estoque pelo Método PEPS

Evento	Quantidade (caixas)	Valores ($)
Aquisição de mercadorias	750	$ 54.500
Aquisição de mercadorias	1.200	$ 61.200
Saída de mercadorias	750	
Aquisição de mercadorias	1.400	$ 67.800
Saída de mercadorias	1.100	
Aquisição de mercadorias	2.100	$ 135.950
Saída de mercadorias	1.500	
Saída de mercadorias	150	
Aquisição de mercadorias	2.500	$ 151.900
Saída de mercadorias	820	
Saída de mercadorias	540	
Aquisição de mercadorias	1.500	$ 120.200
Aquisição de mercadorias	1.000	$ 105.750
Aquisição de mercadorias	850	$ 91.400
Saída de mercadorias	3.000	
Saída de mercadorias	500	

O Quadro 4.21 exibe a ficha de estoque pelo Método PEPS. Para os cálculos efetuados, foram feitos arredondamentos para facilitar a compreensão.

Quadro 4.21 - Ficha de estoque PEPS

Lote de compra	Entradas			Saídas			Saldo		
	Quantidade	Custo unitário	Custo total	Quantidade	Custo unitário	Custo total	Quantidade	Custo unitário	Custo total
1	750	$ 72,67	$ 54.500	-	-	-	750	$ 72,67	$ 54.500
2	1.200	$ 51,00	$ 61.200	-	-	-	1.200	$ 51,00	$ 61.200
-	-	-	-	-	-	-	1.950		$ 115.700
				750	$ 72,67	$ 54.500	(750)	$ 72,67	($ 54.500)
-	-	-	-	-	-	-	1.200	$ 51,00	$ 61.200
3	1.400	$ 48,43	$ 67.800	-	-	-	1.400	$ 48,43	$ 67.800
-	-	-	-	-	-	-	2.600		$ 129.000

Sistemas de Apuração dos Gastos

Lote de compra	Entradas			Saídas			Saldo		
	Quantidade	Custo unitário	Custo total	Quantidade	Custo unitário	Custo total	Quantidade	Custo unitário	Custo total
-	-	-	-	1.100	$ 51,00	$ 56.100	(1.100)	$ 51,00	($ 56.100)
-	-	-	-	-	-	-	100	$ 51,00	$ 5.100
-	-	-	-	-	-	-	1.400	$ 48,43	$ 67.800
-	-	-	-	-	-	-	1.500		$ 72.900
4	2.100	$ 64,74	$ 135.950	-	-	-	2.100	$ 64,74	$ 135.950
-	-	-	-	-	-	-	3.600		208.850
-	-	-	-	100	$ 51,00	$ 5.100	(100)	$ 51,00	($ 5.100)
-	-	-	-	1.400	$ 48,43	$ 67.800	(1.400)	$ 48,43	($ 67.800)
-	-	-	-	-	-	-	2.100		$ 135.950
-	-	-	-	150	$ 64,74	$ 9.711	(150)	$ 64,74	($ 9.711)
-	-	-	-	-	-	-	1.950		$ 126.239
5	2.500	$ 60,76	$ 151.900	-	-	-	2.500	$ 60,76	$ 151.900
-	-	-	-	-	-	-	4.450		$ 278.139
-	-	-	-	820	$ 64,74	$ 53.087	(820)	$ 64,74	($ 53.087)
-	-	-	-	540	$ 64,74	$ 34.960	(540)	$ 64,74	($ 34.960)
-	-	-	-	-	-	-	590	$ 64,74	$ 38.197
-	-	-	-	-	-	-	2.500	$ 60,76	$ 151.900
-	-	-	-	-	-	-	3.090		$ 190.092
6	1.500	$ 80,13	$ 120.200	-	-	-	1.500	$ 80,13	$ 120.200
-	-	-	-	-	-	-	4.590		$ 310.292
7	1.000	$ 105,75	$ 105.750	-	-	-	1.000	$ 105,75	$ 105.750
-	-	-	-	-	-	-	5.590		$ 416.042
8	850	$ 107,53	$ 91.400	-	-	-	850	$ 107,53	$ 91.400
-	-	-	-	-	-	-	6.440		$ 507.442
-	-	-	-	590	$ 64,74	$ 38.197	(590)	$ 64,74	($ 38.197)
				2.500	$ 60,76	$ 151.900	(2.500)	$ 60,76	($ 151.900)
				410	$ 80,13	$ 32.853	(410)	$ 80,13	($ 32.853)
-	-	-	-	-	-	-	1.090	$ 80,13	$ 87.342
-	-	-	-	-	-	-	1.000	$ 105,75	$ 105.750
-	-	-	-	-	-	-	850	$ 107,53	$ 91.400
Totais	11.300	-	$ 788.700	8.360		$ 504.208	2.940		$ 284.492

O primeiro lote a entrar, com o total de 750 caixas a $ 54.500, foi o primeiro a ser baixado em uma saída de mercadorias. Posteriormente, foram adquiridas 1.200 caixas ao valor de $ 61.200, que, imediatamente, foi somado ao valor do saldo anterior do lote número 1. Na saída de mercadoria, o primeiro lote que entrou foi o primeiro a ser baixado. Na sequência, atualiza-se o estoque para os novos lançamentos.

Em alguns lançamentos realizados, ao se atualizar o estoque, houve a repetição de valores referentes ao lote 2 e ao lote 8, para se evidenciar o próximo lote a ser baixado em novas saídas de mercadorias. Este processo se repete até a finalização dos registros do estoque da empresa. Pelo Método PEPS, verificou-se que o custo da mercadoria no total foi de $ 504.208, com 8.360 caixas baixadas do estoque.

Utilizando os mesmos dados do exemplo anterior, o Quadro 4.22 apresentará a ficha de estoque pelo Método UEPS. Neste sistema, a avaliação do estoque é contabilizada pelo último lote a entrar, que será o primeiro a ser baixado, conforme segue:

Tabela 4.8 - Apuração do valor do estoque pelo Método UEPS

Evento	Quantidade (caixas)	Valores ($)
Aquisição de mercadorias	750	$ 54.500
Aquisição de mercadorias	1.200	$ 61.200
Saída de mercadorias	750	
Aquisição de mercadorias	1.400	$ 67.800
Saída de mercadorias	1.100	
Aquisição de mercadorias	2.100	$ 135.950
Saída de mercadorias	1.500	
Saída de mercadorias	150	
Aquisição de mercadorias	2.500	$ 151.900
Saída de mercadorias	820	
Saída de mercadorias	540	
Aquisição de mercadorias	1.500	$ 120.200
Aquisição de mercadorias	1.000	$ 105.750
Aquisição de mercadorias	850	$ 91.400
Saída de mercadorias	3.000	
Saída de mercadorias	500	

Quadro 4.22 - Ficha de estoque pelo Método UEPS

Lote de compra	Entradas			Saídas			Saldo		
	Quantidade	Custo unitário	Custo total	Quanti-dade	Custo unitário	Custo total	Quantidade	Custo unitário	Custo total
1	750	$ 72,67	$ 54.500	-	-	-	750	$ 72,67	$ 54.500
2	1.200	$ 51,00	$ 61.200	-	-	-	1.200	$ 51,00	$ 61.200
	-	-	-	-	-	-	1.950		$ 115.700

Sistemas de Apuração dos Gastos

Lote de compra	Entradas			Saídas			Saldo		
	Quantidade	Custo unitário	Custo total	Quantidade	Custo unitário	Custo total	Quantidade	Custo unitário	Custo total
-	-	-	-	750	$ 51	$ 38.250	(750)	$ 51,00	($ 38.250)
-	-	-	-				750	$ 72,67	$ 54.500
-	-	-	-	-	-	-	450	$ 51,00	$ 22.950
-	-	-	-	-	-	-	1.500		$ 77.450
3	1.400	$ 48,43	$ 67.800	-	-	-	1.400	$ 48,43	$ 67.800
-	-	-	-	-	-	-	2.900		$ 145.250
-	-	-	-	1.100	$ 48,43	$ 53.273	(1.100)	$ 48,43	($ 53.273)
-	-	-	-	-	-	-	750	$ 72,67	$ 54.500
-	-	-	-	-	-	-	450	$ 51,00	$ 22.950
-	-	-	-	-	-	-	300	$ 48,43	$ 14.529
-	-	-	-	-	-	-	1.500		$ 91.979
4	2.100	$ 64,74	$ 135.950	-	-	-	2.100	$ 64,74	$ 135.950
-	-	-	-	-	-	-	3.600		$ 227.929
-	-	-	-	1.500	$64,74	$97.110	(1.500)	$64,74	($97.110)
-	-	-	-	150	$64,74	$9.711	(150)	$64,74	($9.711)
-	-	-	-	-	-	-	750	$72,67	$54.500
-	-	-	-	-	-	-	450	$51,00	$22.950
-	-	-	-	-	-	-	300	$48,43	$14.529
-	-	-	-	-	-	-	450	$64,74	$29.129
-	-	-	-	-	-	-	1.950		$121.108
5	2.500	$ 60,76	$ 151.900	-	-	-	2.500	$ 60,76	$ 151.900
-	-	-	-	-	-	-	4.450		$ 273.008
-	-	-	-	820	$ 60,76	$ 49.823	(820)	$ 60,76	($ 49.823)
-	-	-	-	540	$ 60,76	$ 32.810	(540)	$ 60,76	($ 32.810)
							750	$ 72,67	$ 54.500
							450	$ 51,00	$ 22.950
							300	$ 48,43	$ 14.529
							450	$ 64,74	$ 29.129
							1.140	$ 60,76	$ 69.267
							3.090		$ 190.375
6	1.500	$80,13	$120.200	-	-	-	1.500	$80,13	$120.200
-	-	-	-				4.590		$310.575
7	1.000	$ 105,75	$ 105.750	-	-	-	1.000	105,75	$ 105.750
-	-	-	-	-	-	-	5.590		$ 416.325
8	850	$ 107,53	$ 91.400	-	-	-	850	$ 107,53	$ 91.400
-	-	-	-	-	-	-	6.440		$ 507.725
-	-	-	-	850	$ 107,53	$ 91.400	(850)	$ 107,53	($ 91.400)
				1.000	$ 105,75	$ 105.750	(1.000)	$ 105,75	($ 105.750)
				1.150	$ 80,13	$ 92.150	(1.150)	$ 80,13	($ 92.150)
				350	$ 80,13	$ 28.048	(350)	$ 80,13	($ 28.046)
				150	$ 60,76	$ 9.114	(150)	$ 60,76	($ 9.114)

Lote de compra	Entradas			Saídas			Saldo		
	Quantidade	Custo unitário	Custo total	Quanti-dade	Custo unitário	Custo total	Quantidade	Custo unitário	Custo total
							750	$ 72,67	$ 54.500
							450	$ 51,00	$ 22.950
							300	$ 48,43	$ 14.529
							450	$ 64,74	$ 29.129
							990	$ 60,76	$ 60.153
Totais	11.300	-	$ 788.700	8.360		$ 607.439	2.940		$ 181.261

No Método UEPS, a baixa da mercadoria ocorrerá com base no último lote registrado. A baixa de 750 caixas no estoque se fez pelo lote número 2, cujo valor unitário foi de $ 51. Esse processo se repete até o lote número 8, em que a lógica do lançamento é do último para o primeiro. O procedimento de atualização ocorreu da mesma maneira que no exemplo anterior, com a diferença de os lotes serem ordenados do último para o primeiro, para que não ocorressem confusões no momento de se lançar a saída da mercadoria.

Como resultado do custo apurado, pode-se perceber que, neste método de avaliação, o custo da mercadoria ficou maior que no exemplo anterior, chegando a uma diferença de $ 103.231, o que representa aproximadamente 20,5% a mais na metodologia UEPS. A razão para tal fato seria a de que as últimas aquisições tiveram preços unitários mais elevados, provocando na apuração final um custo bem maior com as mercadorias que as primeiras aquisições.

Já o critério de avaliação pela média ponderada se pauta nos cálculos proporcionais de aquisição de mercadorias. A atualização ocorre como nos critérios anteriores, entretanto, a cada entrada de mercadoria, as quantidades, o valor unitário e o valor total são modificados. Desta forma, o custo unitário passa a ser referência na baixa do estoque e, consequentemente, na apuração do custo. O Quadro 4.23 apresenta a ficha de estoque sob este critério, cujos dados remetem aos exemplos anteriores.

Tabela 4.9 - Apuração do valor de estoque pelo Método da Média Ponderada

Evento	Quantidade (caixas)	Valores ($)
Aquisição de mercadorias	750	$ 54.500
Aquisição de mercadorias	1.200	$ 61.200
Saída de mercadorias	750	
Aquisição de mercadorias	1.400	$ 67.800
Saída de mercadorias	1.100	
Aquisição de mercadorias	2.100	$ 135.950
Saída de mercadorias	1.500	
Saída de mercadorias	150	
Aquisição de mercadorias	2.500	$ 151.900
Saída de mercadorias	820	
Saída de mercadorias	540	
Aquisição de mercadorias	1.500	$ 120.200
Aquisição de mercadorias	1.000	$ 105.750
Aquisição de mercadorias	850	$ 91.400
Saída de mercadorias	3.000	
Saída de mercadorias	500	

Quadro 4.23 - Ficha de estoque pelo Método da Média Ponderada

Lote de compra	Entradas			Saídas			Saldo		
	Quantidade	Custo unitário	Custo total	Quantidade	Custo unitário	Custo total	Quantidade	Custo unitário	Custo total
1	750	$ 72,67	$ 54.500	-	-	-	750	$ 72,67	$ 54.500
2	1.200	$ 51,00	$ 61.200	-	-	-	1.200	$ 51,00	$ 61.200
	-	-	-	-	-	-	1.950	$ 59,33	$ 115.700
	-	-	-	750	$ 59,33	$ 44.498	(750)	59,33	($ 44.498)
	-	-	-	-	-	-	1.200	$ 59,33	$ 71.202
3	1.400	$ 48,43	$ 67.800	-	-	-	1.400	$ 48,43	$ 67.800
	-	-	-	-	-	-	2.600	$ 53,46	$ 139.002
	-	-	-	1.100	$ 53,46	$ 58.806	(1.100)	$ 53,46	($ 58.196)
	-	-	-	-	-	-	1.500	$ 53,46	$ 80.196
4	2.100	$ 64,74	$ 135.950	-	-	-	2.100	$ 64,74	$ 135.950
	-	-	-	-	-	-	3.600	$ 60,04	$ 216.146
	-	-	-	1.500	$60,04	$90.060	(1.500)	$ 60,04	($90.060)
	-	-	-	150	$60,04	$9.006	(150)	$ 60,04	($9.006)
	-	-	-	-	-	-	1.950	$ 60,04	$117.080
5	2.500	$60,76	$151.900	-	-	-	2.500	$ 60,76	$ 151.900
	-	-	-	-	-	-	4.450	$ 60,44	$ 268.980
	-	-	-	-	-	-			
	-	-	-	820	$ 60,44	$ 49.200	(820)	$ 60,44	($ 49.200)
	-	-	-	540	$ 60,44	$ 32.638	(540)	$ 60,44	($ 32.638)
	-	-	-	-	-	-	3.090	$ 60,44	$ 187.142
	-	-	-	-	-	-			
6	1.500	$ 80,13	$ 120.200	-	-	-	1.500	$ 80,13	$ 120.200
	-	-	-	-	-	-	4.590	$ 66,96	$ 307.342
7	1.000	$ 105,75	$ 105.750	-	-	-	1.000	$ 105,75	$ 105.750
	-	-	-	-	-	-	5.590	$ 73,90	$ 413.092
	-	-	-	-	-	-			

Lote de compra	Entradas			Saídas			Saldo		
	Quantidade	Custo unitário	Custo total	Quantidade	Custo unitário	Custo total	Quantidade	Custo unitário	Custo total
8	850	$ 107,53	$ 91.400	-	-	-	850	$ 107,53	$ 91.400
-	-	-	-	-	-	-	6.440	$ 78,34	$ 504.492
-	-	-	-	-	-	-			
-	-	-	-	3.000	$ 78,34	$ 235.020	(3.000)	$ 78,34	($ 235.020)
-	-	-	-	-	-	-	3.440	$ 78,34	$ 269.472
-	-	-	-	-	-	-			
-	-	-	-	500	$ 78,34	$ 39.170	(500)	$ 78,34	($ 39.170)
-	-	-	-	-	-	-	2.940	$ 78,34	$ 230.302
-	-	-	-	-	-	-			
Totais	11.300	-	$ 788.700	8.360		$ 558.398	2.940	$ 78,34	$ 230.302

O custo médio ponderado unitário sofre alterações ao longo das entradas de estoque. A partir do lançamento do lote número 2, o valor unitário, que era de $ 72,67, passa a $ 59,33. Esse resultado se deu pelo somatório dos valores monetários totais dos lotes 1 e 2, divididos pelas quantidades no saldo do lote 1 e no saldo do lote 2.

Esse procedimento foi aplicado a todos os eventos de entrada de mercadorias e na posterior atualização. Ao final dos lançamentos, percebeu-se que o custo da mercadoria apurado no período teve seu valor total em $ 558.398, alcançando um patamar de custo superior ao verificado no Método PEPS, porém, inferior ao critério elaborado sob a ótica UEPS.

4.2.5 Algumas considerações sobre os métodos de avaliação do estoque

Controlar os níveis de estoque em uma empresa é um aspecto importante para o fluxo de atividade, uma vez que, sob a ótica contábil, é um elemento que recebe tratamento de bem componente do patrimônio da organização, enquanto a empresa não o revender. Isto significa que são efetuados investimentos em estoque com o objetivo de obter um benefício futuro com a sua venda.

De acordo com o Comitê de Pronunciamento Contábil (2009), entende-se que:

> Estoques são ativos: a) mantidos para venda no curso normal dos negócios; b) em processo de produção para venda; ou c) na forma de materiais ou suprimentos a serem consumidos ou transformados no processo de produção ou na prestação de serviços. (Pronunciamento Técnico CPC 16 R1, 2009, p. 3.)

É necessário, entretanto, que, para esses ativos, sejam estabelecidos níveis máximos e mínimos de estoque, evitando o desperdício de recursos na empresa. Dependendo do produto, um nível elevado de estoque pode levar prejuízos às organizações, principalmente quando se trata de produtos perecíveis.

Sistemas de Apuração dos Gastos

> **Fique de olho!**
>
> Estoque sem movimentação representa, além de um custo para as organizações, um investimento sem retorno ao proprietário.

O controle de estoques, dentre outros motivos, se deve à necessidade de haver menor dispêndio de recursos, ou seja, de que se diminua o grau de dependência da empresa para esse bem. Busca-se, com esses controles, prestar informações à alta direção, evidenciando quanto deve ser investido neste item, de maneira otimizada.

A não observância desse aspecto pode levar as organizações a comprometer os resultados referentes à lucratividade, bem como a gerar maior custo de operação. A rotatividade do estoque deve estar adequada à demanda pelos produtos, pois as empresas devem analisar as vantagens de aquisição destes bens para revenda.

A decisão do gestor em trabalhar com uma rotatividade alta ou baixa do estoque pode influenciar diretamente o preço final do produto ou serviço a ser prestado, uma vez que, neste cenário, entra o aspecto da negociação com os fornecedores, em que, dependendo da quantidade adquirida, o administrador pode ou não obter vantagens em uma compra.

Neste contexto, avaliar os estoques para efeito de apuração do custo e do resultado passa a ser primordial no processo, pois, dependendo do critério de avaliação adotado (Métodos PEPS, UEPS e Média Ponderada), o resultado pode mudar.

Se o foco do administrador for o de buscar o real valor do estoque em um determinado período, o critério avaliado pelo Método PEPS (o primeiro que entra é o primeiro que sai) refletirá esse dado. É um critério que trabalha de maneira mais próxima ao que se observa no universo dos negócios empresariais, pois o primeiro produto exposto é o primeiro que deve ser entregue ao consumidor final.

A avaliação pelo Método PEPS fornece dados para fins gerenciais, o que, para o administrador, é um ponto favorável, pois atende os aspectos condizentes com a legislação tributária, e o fisco aceita esta metodologia em razão de ela espelhar a realidade em termos de apuração do valor da mercadoria adquirida.

> **Amplie seus conhecimentos**
>
> A palavra fisco é um termo que se refere ao Estado e a seus agentes delegados. Entende-se o Estado como o administrador dos recursos públicos, quer seja na esfera federal, estadual ou municipal, no tocante às atividades econômicas, tributárias, financeiras e ao patrimônio em geral, de pessoas físicas e jurídicas. Para saber mais, acesse: <http://www.portaltributario.com.br/tributario/fiscofederal.htm>.

No critério verificado pelo Método UEPS (o último que entra é o primeiro que sai), a lógica consiste em apurar o custo da mercadoria tomando como base o último lote adquirido para revenda. Contabilmente, o procedimento de baixa é feito pelo último valor adquirido, porém, é a mercadoria mais antiga que é entregue ao consumidor final.

Esse método, de certo modo, provoca um aumento nos custos, normalmente, a aquisição das últimas mercadorias possui um valor maior, em razão de reajustes praticados pelos fornecedores. Essa medida sobrevaloriza os estoques e reduz o resultado da empresa, que, se analisado pela perspectiva contábil, não é um aspecto negativo.

Entretanto, essa sobrevalorização, verificada nos cálculos pelo Método UEPS, não é aceita pelo fisco, pois, neste sistema de apuração, toma-se como base de custo o das últimas mercadorias ingressadas no estoque, e a base de cálculo para tributação sobre o resultado da empresa se reduz, o que, na prática, faz com que a base de cálculo para os tributos seja menor.

Cabe ressaltar que a empresa que utilizar o Método UEPS deve apresentar as diferenças de avaliação no Livro de Apuração do Lucro Real (LALUR). No período em que o país enfrentava os efeitos inflacionários extremos, esse critério era permitido pelas autoridades tributantes como forma de minimizar tais efeitos na valoração das mercadorias, além de se ter um parâmetro mais atualizado dos resultados, contudo, isso não eliminava os problemas de avaliação do estoque pelo UEPS.

Já no Método da Média Ponderada, em que os valores do custo unitário e total são atualizados a cada aquisição, o procedimento de baixa se baseia justamente na atualização desses valores, que, como a própria nomenclatura referencia, são valores monetários ponderados. Contabilmente, é um critério de fácil operacionalização, mas reflete uma média, ou seja, são valores que representam uma referência (ainda que ponderada) sobre o valor monetário do estoque.

Para efeito fiscal, o critério atende às exigências do fisco quanto à mensuração, o que, na prática, o faz ser um dos métodos mais utilizados nas organizações. Quanto aos resultados, percebeu-se que ficaram entre os critérios do UEPS ($ 607.439) e do PEPS ($ 504.208), e, neste caso, se o Método da Média Ponderada, cujo valor foi de $ 558.398, é aceito em termos ficais, adotar este último no contexto tributário-contábil se torna o melhor para avaliar o valor do estoque.

Vamos recapitular?

Os sistemas de custeio são formas de apurar os custos operacionais nas organizações. Os mais comuns são o sistema por absorção, o sistema ABC e o sistema de custeio variável. Para cada um deles há pontos favoráveis e desfavoráveis, entretanto, a boa aplicabilidade dependerá do negócio em que as organizações estiverem inseridas, além do tipo de estudo que se pretende realizar no âmbito da contabilidade gerencial.

Para apurar os gastos com a elaboração do produto ou serviço, bem como com as operações, são aplicadas as mais diversas formas de custeio, mas a avaliação do estoque e os critérios a ela atrelados são partes componentes dessas apurações. Os gastos com estoques são considerados como gastos diretos de elaboração, e a aplicação de uma determinada metodologia influenciará diretamente os resultados das atividades empresariais.

Agora é com você!

1) O que é necessário para que um sistema de custeio atenda à sua finalidade?

2) Cite três tipos de sistema de custeio que predominam no ambiente organizacional.

3) Quais são as principais características do sistema de custeio por absorção e pelo ABC?

4) Por que é importante departamentalizar os gastos?

5) A empresa Nova Descartável fornece produtos descartáveis, como copos e talheres, para hotéis, hospitais e restaurantes. Tais produtos têm uma expressiva força de vendas no sudeste brasileiro, e as estimativas de produção para os copos e talheres são, respectivamente: 20.000 caixas e 16.000 caixas. Os custos incorridos nesse processo são:

		Copos	Talheres
Matéria-prima	$ 2/kg	12.000 kg	8.000 kg
Mão de obra direta	$ 5/h	6.000 h	3.000 h

Os custos indiretos de produção (CIP) em R$ são:

CIP	Valores
Supervisão da produção	$ 3.600
Depreciação dos equipamentos de produção	$ 12.000
Aluguel do galpão industrial	$ 4.500
Seguros dos equipamentos de produção	$ 1.500
Energia elétrica na produção	$ 2.400

Os custos de matéria-prima, mão de obra direta e os custos indiretos são comuns aos dois produtos. A empresa possui um contrato de demanda da energia elétrica com a fornecedora, pelo qual paga apenas uma quantia fixa por mês e não mede o consumo por tipo de produto.

Os custos indiretos de produção são apropriados aos produtos, de acordo com as proporções da mão de obra direta empregada na produção de um e de outro. Utilize o sistema de custeio por absorção para:

a) elaborar um quadro de apropriação de custos para cada um dos produtos;

b) calcular o custo unitário de cada produto.

6) O Hospital Luz no Caminho está visualizando a possibilidade de expandir seus negócios. Como se utiliza do sistema ABC, solicitou ao departamento de controladoria a elaboração de um estudo de viabilidade, com o propósito de realizar novos investimentos em sua linha de produtos.

Assim, os dados levantados foram os seguintes, para que sejam posteriormente absorvidos pelos produtos atuais.

Informações	Produto 1	Produto 2	Produto 3
Vendas projetadas (exames)	14.100	19.500	22.300
Custo Unitário do Produto			
Componentes primários (variável)	12	16	10
Mão de obra	26	42	50

Atividades (Controladoria)	Custos
Pesquisa de mercado	$ 350.000
Tabulação e interpretação dos dados	$ 86.200
Análise mercadológica	$ 194.600
Estudo de viabilidade	$ 230.420
Total de custos indiretos	$ 861.220

Direcionadores de atividade	Quantidade de direcionadores de custo por produto		
	Produto 1	Produto 2	Produto 3
Quantidade de horas dos analistas	320	290	380
Quantidade de mapeamentos quantitativos e qualitativos	2.500	1.980	3.050
Quantidade de variáveis mercadológicas pontuadas	1.300	980	1.200
Estimativa de demanda	14.100	19.500	22.300

A partir dos gastos apurados, elabore uma tabela com a distribuição dos gastos indiretos totais para cada produto e determine o custo unitário de prestação de serviço para cada um deles.

7) Uma empresa fornecedora de alimentos para eventos está em fase de crescimento e vislumbrando a possibilidade de aprimorar seus processos de trabalho, com a finalidade de "ganhar" mercado. Busca-se, com a implantação de novos processos, obter ganhos de produtividade e reduzir desperdícios. Foram detectadas falhas na produção, gerando não conformidade dos produtos oferecidos. A empresa desenvolverá a melhoria com dois produtos específicos: doces e salgados. Por meio de análises das áreas indiretas do setor de produção (Planejamento, Controle de Qualidade), foram desenvolvidos estudos para levantar as necessidades a fim de se alcançar o objetivo. Desta maneira, os gastos gerais, que envolvem as demandas dos setores de apoio e produção, são os seguintes:

Planejamento

Atividade	Direcionador	Valor Total
Planejamento	N.º de horas trabalhadas	$ 254.000
Contato com fornecedor	N.º de contatos feitos	$ 102.000
Logística de transporte	N.º de solicitações	$ 99.000
Distribuição	N.º de demandas	$ 354.000

Controle de Qualidade (CQ)

Atividade	Direcionador	Valor Total
Planejamento	N.º de horas trabalhadas	$ 104.000
Validação do lote	N.º de produtos analisados	$ 157.000
Rejeitos	Quantidade de produtos fora de padrão	$ 64.000

Sistemas de Apuração dos Gastos

Direcionadores

Direcionador	Doces	Salgados
N.º de horas trabalhadas (Planejamento)	425 horas	321 horas
N.º de horas trabalhadas (CQ)	276 horas	104 horas
N.º de contatos	132	79
N.º de solicitações	503	678
N.º do volume de produção	19.200	26.400
N.º de produtos analisados	153	214
Quantidade de produtos fora de padrão	980	1.200

Áreas de serviços

Departamento	% de serviços prestados para outros departamentos A ordem dos departamentos é estabelecida do menos relevante para o mais relevante						Despesas totais
	Contabilidade	Financeiro	Administração	Vendas	Doces	Salgados	
Contabilidade	2%	8%	12%	16%	28%	34%	$ 192.000
Financeiro	0%	3%	4%	9%	52%	32%	$ 207.000
Administração	0%	0%	2%	20%	34%	46%	$ 133.000
Vendas e Marketing	0%	0%	0%	4%	43%	53%	$ 527.000

Com os custos diretos de $ 31,83 por caixa de doces e de $ 24,78 por caixa de salgados, determine os custos diretos e indiretos e as despesas totais e unitárias para cada um dos produtos.

O rateio entre os departamentos deverá ser efetuado de acordo com o número de funcionários existentes, conforme a seguinte tabela:

	Contabilidade	Financeiro	Administração	Vendas	Planejamento
Contabilidade	6				
Financeiro	9	9			
Administração	5	5	5		
Vendas	18	18	18	18	
Planejamento	8	8	8	8	8
Controle de Qualidade	5	5	5	5	5
	51	45	36	31	13

O rateio para cada um dos produtos, referente aos gastos com os departamentos de Planejamento e Controle de Qualidade, será feito de acordo com a proporção do volume de produção.

5

Custo-Volume-Lucro e Ponto de Equilíbrio

Para começar

Este capítulo apresenta o papel do CVL como ferramenta de auxílio ao gestor para a tomada de decisão. Analisa os efeitos que influenciam as mudanças por meio das variáveis preços e custos e demonstra a importância e a aplicabilidade dos elementos, margem de contribuição e margem de segurança, no contexto decisório para as empresas.

5.1 Conceito

O aprimoramento dos instrumentos da contabilidade gerencial como forma de gerar informações mais confiáveis para gestores nas organizações tem sido cada vez mais frequente. Neste contexto, segundo Hansen e Mowen (2001), o Custo-Volume-Lucro (CVL) se refere a uma técnica de análise que permite ao gestor verificar as diversas inter-relações entre as receitas, os custos, as despesas e o volume de vendas e como essas variáveis influenciam o lucro da empresa.

Para Maher (2001), no âmbito organizacional, é uma ferramenta que auxilia os processos de planejamento, gerenciamento e controle, e que pode impactar acentuadamente nas decisões empresariais em nível operacional do negócio, no que tange a aspectos econômicos, financeiros e patrimoniais, cabendo ressaltar que a sua aplicabilidade independe do porte das empresas.

Tuch (2000) reforça essa ideia ao afirmar que o CVL é uma ferramenta útil no desenvolvimento de orçamentos, pois permite que se visualizem todas as projeções referentes a receitas e gastos, considerando cada expectativa de volume de vendas.

Com o processo de planejamento empresarial, o CVL, entre outros aspectos, permite ao gestor verificar de maneira antecipada se os resultados projetados pela empresa estão adequados à estrutura patrimonial, além das expectativas econômico-financeira e mercadológica.

Neste cenário, o planejamento envolverá o objetivo a ser alcançado, bem como as metas a serem delineadas para que se possa atingir o objetivo. Sob esta perspectiva, o aumento do lucro se constitui no objetivo mais relevante para as empresas, e, por esta razão, o CVL está ancorado em alguns pressupostos básicos que darão validade aos resultados citados por Horngren, Foster e Datar (2004), que são:

» Toda e qualquer alteração nas receitas e custos ocorre em razão de mudanças no volume de vendas.

» Os custos totais devem ser separados e classificados apenas em custos fixos, que não variam conforme o nível de produção, e em custos variáveis, que variam de acordo com a produção.

» O preço de venda, os custos fixos e os custos variáveis são conhecidos e permanecem constantes dentro do período analisado.

» As receitas e os custos variáveis são interligados, com relação à concepção do produto dentro de um período de análise.

» A análise cobre um único produto, ou, havendo múltiplos produtos, a proporção de venda no todo irá se manter constante quando da alteração da quantidade total de unidades vendidas.

» Todas as receitas e custos podem ser agregados e comparados sem levar em consideração o valor do dinheiro no tempo.

» A ferramenta em questão considera em suas análises aspectos puramente quantitativos, ou seja, o CVL não mensura aspectos qualitativos, como a percepção de qualidade do produto ou serviço, entre outros.

Cabe observar que a validade de alguns pressupostos pode ser maior do que a de outros e que esta validade pode diminuir, de maneira gradativa, na medida em que o horizonte de planejamento for maior. Assim, é importante que o empreendedor, ao efetuar ou interpretar o CVL, tenha consigo essas regras fundamentais, para compreender o alcance e as limitações da ferramenta.

Deste modo, o Gráfico 5.1 representa o posicionamento dos custos, das receitas e do lucro (CVL), demonstrando o ponto de equilíbrio nesta relação.

Gráfico 5.1 - Custo-Volume-Lucro (CVL)

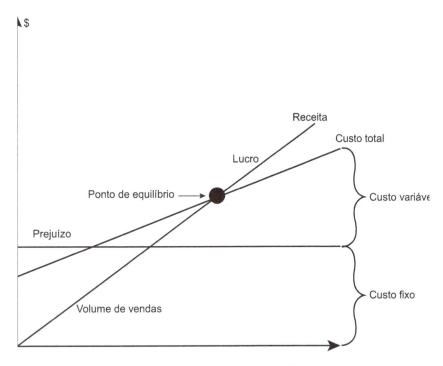

O Gráfico 5.1 demonstra que, na relação do Custo-Volume-Lucro, as vendas abaixo do ponto de equilíbrio efetuadas pela empresa significam que os gastos fixos e variáveis somados são superiores às receitas, ou seja, a empresa está operando no prejuízo. Por outro lado, as vendas que estiverem acima do ponto de equilíbrio resultam em um cenário em que as receitas superam os custos, o que permite avaliar a obtenção de lucro.

O ponto de equilíbrio é exatamente quando os elementos de receitas e gastos se igualam, demonstrando o esforço mínimo a ser empregado para que o lucro seja zero, ou seja, para que não haja perdas nem ganhos na operação de vendas.

Desta forma, a abordagem financeira do CVL terá como base os dados referentes à margem de contribuição, ao ponto de equilíbrio e à margem de segurança, considerando nos cálculos quando há apenas um produto (CVL simples) e quando há dois ou mais produtos a serem analisados (CVL composto).

5.2 Margem de contribuição (MC)

O termo margem de contribuição (MC) (MARTINS, 2010) refere-se à diferença entre o preço de venda e o custo e a despesa ocorridos para conceber o produto ou serviço elaborado. Em outras palavras, significa dizer quanto cada produto ou serviço contribui para o negócio da empresa, cuja finalidade é cobrir os gastos fixos e propiciar o lucro.

Na Tabela 5.1 pode-se verificar o esquema da margem de contribuição:

Tabela 5.1 - Margem de contribuição

	Alpha	Beta	Sigma	Ômega
Preço de venda unitário	$ 220	$ 480	$ 110	$ 290
Custo variável unitário	($ 80)	($ 290)	($ 40)	($ 120)
Margem de contribuição unitária	$ 140	$ 190	$ 70	$ 170

Cada produto Alpha contribui individualmente com $ 140 para os negócios da empresa. Assim ocorre com os demais produtos (Beta, Sigma e Ômega) verificados na Tabela 5.1. Entretanto, esses valores individuais não podem ser atribuídos como lucro final enquanto os gastos fixos não forem cobertos.

Esse tipo de informação do produto obtida por meio da margem de contribuição permite ao gestor observar qual é o produto que oferece maior margem entre a subtração de preço e o custo variável, considerando que, quanto maior for essa margem, melhor será para os negócios.

Vale ressaltar, neste contexto, que os valores da margem de contribuição poderão ser expressos em formato de valor absoluto (dinheiro) e valor relativo (porcentagem), bem como os valores absolutos podem ser demonstrados de maneira unitária (por produto) ou de forma total (considerando-se no cálculo, o volume de vendas).

5.3 Ponto de equilíbrio

Conforme abordado, o ponto de equilíbrio determina, dentro das análises do CVL, qual deverá ser o esforço de trabalho total da empresa para que se possam alcançar os objetivos traçados no planejamento. A técnica abordada pelo ponto de equilíbrio divide-se em três modalidades, a saber:

» Ponto de Equilíbrio Contábil (PEC): determina a quantidade mínima de produtos ou serviços a serem vendidos para que o lucro seja zero. Neste caso, a empresa não ganha nem perde. Serve como parâmetro para as metas mínimas de vendas.

» Ponto de Equilíbrio Econômico (PEE): determina a quantidade mínima de produtos ou serviços a serem vendidos para que se obtenha uma rentabilidade mínima desejada, que se caracteriza como o ganho que o empreendedor objetiva em seu negócio.

» Ponto de Equilíbrio Financeiro (PEF): determina a quantidade mínima de produtos ou serviços a serem vendidos para que haja cobertura dos custos e despesas que efetivamente saem do caixa da empresa (descontando-se as despesas não desembolsáveis), com o objetivo de gerar caixa para a empresa.

Fique de olho!

Despesas não desembolsáveis são aquelas que não geram gastos efetivos no caixa da empresa. A depreciação de bens imobilizados e as amortizações de investimentos são exemplos mais clássicos.

O sistema de cálculo do ponto de equilíbrio, além de demonstrar o esforço de vendas por meio das quantidades, o estabelece também por meio das receitas necessárias, ao utilizar a estrutura básica do CVL, conforme demonstração a seguir:

Receita[2]
(–) Gasto variável
= Margem de contribuição
(–) Gasto fixo
= Lucro (ou prejuízo)

Também é possível chegar aos resultados do ponto de equilíbrio por meio de equações que estão assim demonstradas:

5.3.1 Equação da receita no ponto de equilíbrio em CVL simples

$$\text{Receita} = \frac{\text{gastos fixos} + \text{lucro}}{\text{margem de contribuição (em \%)}}$$

Onde:

Gastos fixos: representam os custos e despesas fixos.

Lucro: é o valor que se deseja analisar.

Margem de contribuição: é o resultado do preço de venda menos custo variável em percentual (%).

5.3.2 Equação do volume de vendas no ponto de equilíbrio em CVL Simples

$$\text{Volume de vendas} = \frac{\text{gastos fixos} + \text{lucro}}{\text{margem de contribuição unitária (em \$)}}$$

Onde:

Gastos fixos: representam os custos e despesas fixos.

Lucro: é o valor que se deseja analisar.

Margem de contribuição: é o resultado do preço de venda menos custo variável do valor absoluto ($)

5.3.3 Cálculo do ponto de equilíbrio

Exemplo

CVL Simples

Um jantar oferecido com *show* ao vivo é promovido em um clube social. O preço cobrado por pessoa é de $ 45, com um custo variável por pessoa de, aproximadamente, $ 15. Os gastos fixos (custos e despesas fixos) apurados para este evento serão de, aproximadamente, $ 5.250. Sabendo que o salão tem capacidade para 320 lugares, determine:

---

[2] A receita é o ápice de tudo, por isso, sempre, independentemente do valor, irá representar 100%.

a) a margem de contribuição do evento;

b) a receita e o volume de vendas no ponto de equilíbrio contábil (lucro zero);

c) a receita e o volume de vendas no ponto de equilíbrio, cujo lucro seja de $ 4.000.

Resolução

a) Definindo a Margem de Contribuição:

Receita unitária	$ 45	100%
(-) Gasto variável unitário	($ 15)	(33%)
= Margem de contribuição unitária	$ 30	67%

Nota: o cálculo da margem de contribuição pode ser apresentado tanto em valores absolutos, como em valores relativos, ou seja, os valores percentuais. Para este último, o procedimento é feito da seguinte maneira: as receitas sempre irão representar 100%. Como o gasto variável unitário tem um valor de $ 15, para se obter a sua representatividade em relação à receita, basta aplicar o princípio matemático da regra de três para se chegar ao resultado.

$$\left.\begin{array}{l} 45 \text{ ---- } 100 \\ 15 \text{ ---- } X \end{array}\right\} \frac{15 \times 100}{45} = 33,33\%$$

b) Uma vez calculada a margem de contribuição, o próximo passo é determinar o ponto de equilíbrio para um lucro igual a zero.

$$\text{Receita} = \frac{\text{gasto fixo} + \text{lucro}}{\text{MC (\%)}}$$

$$\text{Receita} = \frac{5.250 + 0}{0,67}$$

Receita = $ 7.835,82

Nota: quando os organizadores atingirem uma receita de $ 7.835,82, aproximadamente, não haverá nem lucro, nem prejuízo.

$$\text{Volume de vendas} = \frac{\text{gasto fixo} + \text{lucro}}{\text{MC (\$)}}$$

$$\text{Volume de vendas} = \frac{5.250 + 0}{30}$$

Volume de vendas = 175 pessoas, aproximadamente

Nota: quando os organizadores atingirem 175 pagantes, não haverá nem lucro, nem prejuízo.

Para conferir se os resultados estão corretos, basta utilizar a estrutura de cálculo do CVL para proceder com a validação do resultado:

Receita	$ 7.835,82	100%
(-) Gasto variável	($ 2.585,82)	33%
= Margem de contribuição	$ 5.250	67%
(-) Gasto fixo	($ 5.250)	
= Lucro (ou prejuízo)	0	

c) Para calcular a receita e o volume de vendas no ponto de equilíbrio, para um lucro de $ 4.000, repetiremos o mesmo processo aplicado no item "b", acrescentando o lucro na equação.

$$\text{Receita} = \frac{\text{gasto fixo} + \text{lucro}}{\text{MC (\%)}}$$

$$\text{Receita} = \frac{5.250 + 4.000}{0,67}$$

Receita = $ 13.805,97

$$\text{Volume de vendas} = \frac{\text{gasto fixo} + \text{lucro}}{\text{MC (\$)}}$$

$$\text{Volume de vendas} = \frac{5.250 + 4.000}{30}$$

Volume de vendas = 308 pessoas, aproximadamente

Nota: usando os dados iniciais da margem de contribuição, verifica-se que:

	Receita	Volume de vendas
Lucro zero	$ 7.835,82	175 pessoas
Lucro de $ 4.000	$ 13.805,97	308 pessoas

Ao compararmos os resultados de ponto de equilíbrio para lucro zero e para lucro de $4.000, percebe-se que:

» para alcançar um lucro zero, onde não se ganha, nem se perde, basta que com esse evento se atinja uma receita de $ 7.835,82, em que o número de participantes deverá ser, no mínimo, de 175 pessoas;

» para alcançar um lucro de $ 4.000 com esse evento, as receitas devem ser de $ 13.805,97, em que o número de participantes deverá ser de 308 pessoas.

Com isto, verifica-se que, para qualquer resultado acima de lucro zero, mantendo-se os valores de margem de contribuição, o esforço de venda deve ser maior por parte dos organizadores, para que se atinja o lucro desejado.

Custo-Volume-Lucro e Ponto de Equilíbrio

Sabendo-se que a capacidade máxima de atendimento do clube é de 320 pessoas, a empresa tem uma pequena folga para alcançar o limite de lugares.

Receita	$ 13.805,97	100%
(-) Gasto variável	($ 4.555,97)	33%
= Margem de contribuição	$ 9.250	67%
(-) Gasto fixo	($ 5.250)	
= Lucro (ou prejuízo)	$ 4.000	

Exemplo

CVL composto

No exemplo anterior, foi apresentada uma situação em havia apenas um produto a ser analisado. Porém, há situações em que as empresas trabalham com uma variedade maior de produtos, e, nestes casos, há a necessidade de ponderar sobre o grau de contribuição que cada um oferece ao negócio.

Assim, os procedimentos adotados para o CVL simples serão semelhantes aos adotados para o CVL composto, acrescentando-se o elemento do Índice de Margem de Contribuição Ponderada (IMCp), que deverá ser calculado ponderando-se o nível de contribuição de cada produto em relação ao negócio como um todo, de acordo com a equação a seguir:

$$IMCp = \frac{R_1}{RT} \times \frac{R_1 - GV_1}{R_1} + \frac{R_2}{RT} \times \frac{R_2 - GV_2}{R_2} \cdots \frac{R_n}{RT} \times \frac{R_n - GV_n}{R_n}$$

Em que:

A expressão R/RT designa quanto a receita de cada produto representa em relação ao total das receitas, ou, ainda, quanto cada produto participa em vendas, em relação ao total; e a expressão $\frac{(R - GV)}{R}$ representa a margem de contribuição.

O IMCp então será formado pelo percentual (%) de vendas de cada produto multiplicado por sua própria margem em percentual (%), cuja fórmula do ponto de equilíbrio ficaria assim descrita:

$$Receita = \frac{gasto\ fixo + lucro}{IMCp\ (\%)}$$

E quando houver valores unitários para diversos produtos, a expressão será:

$$Volume\ de\ vendas = \frac{gasto\ fixo + lucro}{MCp\ (\$)}$$

Em que a MCp será a Margem de Contribuição Ponderada (em $).

5.3.3.1 Cálculo do CVL composto

Em uma empresa especializada em locação de veículos hospitalares com dois produtos distintos, os dados estão assim discriminados:

Tabela 5.2 - Dados referentes à empresa

	Ambulância	Coleta de resíduo hospitalar
Receita	$ 490.500	$ 210.500
Gasto variável	$ 180.500	$ 110.500

Sabendo que os custos e despesas fixos são de $ 194.500, determine:

a) o IMCp;

b) a receita no ponto de equilíbrio para um lucro igual a zero;

c) A receita no ponto de equilíbrio para um lucro de $ 140.000.

Resolução

a) Calculando o IMCp:

$$IMCp = \frac{490.500}{701.000} \times \frac{490.500 - 180.500}{490.500} + \frac{210.500}{701.000} \times \frac{210.500 - 110.500}{210.500}$$

$$IMCp = 0,70 \times 0,63 + 0,30 \times 0,48$$

$$IMCp = 0,44 + 0,14$$

IMCp = 0,58 ou, aproximadamente, 58%

Nota: cada produto possui uma margem de contribuição individual. No produto ambulância, ficou em 0,63 ou 63%, já o produto coleta de resíduos hospitalares contribui para o negócio com uma margem de 48%. Portanto, o IMCp ponderado ficou em 58%.

b) Receita no ponto de equilíbrio para o lucro igual a zero:

$$Receita = \frac{gasto\ fixo + lucro}{IMCp\ (\%)}$$

$$Receita = \frac{194.500 + 0}{0,58}$$

Receita = $ 335.344,83

c) Receita no ponto de equilíbrio para um lucro de $ 140.000:

$$Receita = \frac{gasto\ fixo + lucro}{IMCp\ (\%)}$$

$$Receita = \frac{194.500 + 140.000}{0,58}$$

$$Receita = \$\ 576.724,14$$

Figura 5.1 - Chicago (EUA), maior centro de convenções do mundo, recebe aproximadamente 3 milhões de visitantes em um espaço de 240 mil m² (McCormick Place, 2014).

5.4 Margem de segurança

Refere-se à diferença entre a quantidade calculada do ponto de equilíbrio para lucro zero e a quantidade calculada com um ponto de equilíbrio com lucro, ou seja, este indicador sinaliza o nível de atividade executado pela empresa, além do esforço mínimo necessário de vendas que não apresente um prejuízo.

O cálculo se faz necessário somente quando a empresa, dentro de um determinado período de análise, passa a gerar lucro por meio de suas atividades comerciais.

Para Bruni e Famá (2008), trata-se de um indicador que busca mensurar o risco de operação para o empreendimento, pois, se o ponto de equilíbrio para lucro zero for muito próximo do limite da capacidade de vendas da empresa, isto significará uma situação de vulnerabilidade para o negócio.

O exemplo a seguir ilustra a situação da margem de segurança:

Exemplo

Um centro de lazer e cultura apresentou os seguintes dados:

	Ponto de equilíbrio (lucro zero)	Ponto de equilíbrio (com lucro)
Receita	$ 240.000	$ 336.000
N.º de locações	1.000	1.400

$$\text{Margem de segurança} = \frac{\text{vendas atuais} - \text{vendas no ponto de equilíbrio}}{\text{vendas atuais}}$$

$$\text{Margem de segurança} = \frac{336.000 - 240.000}{336.000}$$

Margem de segurança = 28,57%

Neste caso, o empreendimento possui uma folga de 28,57%, o que significa que a empresa ainda possui espaço antes de chegar ao prejuízo. Quanto maior for esse indicador, melhor será para o empreendedor. Qualquer alteração significativa na demanda pode afetar de maneira relevante os resultados objetivados.

5.5 Considerações sobre alteração do preço e do gasto variável

No processo de formação da margem de contribuição, percebeu-se que existe uma alta sensibilidade quando se trata de alteração nos valores do preço de venda (unitário ou receita total) e do gasto variável (unitário e total). Como foi possível perceber, a margem de contribuição é o elemento que definirá o tamanho do esforço de trabalho do empreendimento.

Nesta relação, quanto maior for a margem de contribuição, menor será o nível de vendas da empresa, porém, quanto menor for a margem de contribuição, maior deverá ser o fluxo de atividade no empreendimento. Há de se ressaltar que a busca da empresa será por uma margem mais confortável, de maneira que não corra riscos de reduzir a margem operacional em níveis preocupantes, no tocante ao desempenho operacional.

Deste modo, nos casos em que ocorrerem alterações nos valores (percentuais e absolutos), seja no preço de venda ou na receita total, bem como nos custos e nas despesas variáveis que constituem o gasto variável, haverá a necessidade de se recalcular a margem de contribuição.

Vamos recapitular?

Na relação CVL e ponto de equilíbrio, todos os gastos irão se limitar à classificação de fixos e variáveis. O CVL não mensura aspectos qualitativos em suas análises. A margem de contribuição, que não significa margem de lucro, é a que determina o tamanho do esforço a ser empreendido para se alcançarem os objetivos.

Toda alteração de preço e gasto variável levará à necessidade de se recalcular a margem de contribuição, para fins de cálculo do ponto de equilíbrio, seja ele sob os aspectos econômico, contábil ou financeiro.

Por fim, a margem de segurança é um indicador que pode auxiliar o gestor nas análises de desempenho da empresa no âmbito operacional.

Agora é com você!

1) O Centro de Convenções de Atibaia possui aproximadamente 1.280 metros quadrados. Os gastos variáveis da empresa são estimados por metro quadrado, sejam as salas ou auditórios, com valor de $ 12,50/m². O preço médio de locação por sala (levando-se em conta o metro quadrado) é de $ 40,00/m². Considerando os gastos médios semestrais em $ 657.340,00, determine:

   a) a margem de contribuição;
   b) a receita e o volume de vendas no ponto de equilíbrio;
   c) a receita e o volume de vendas no ponto de equilíbrio para um lucro de $ 450.000;
   d) a receita e o volume de vendas no ponto de equilíbrio para um lucro de $ 520.000.

2) Uma importante instituição de ensino solicitou ao Hotel Guest Inn um orçamento para a produção de um evento, em que os custos variáveis foram:

Descrição	Valor unitário	N.º dias	Subtotal
1 projetor 7.000 ANSI lumens Resolução 1900 × 1080	$ 800,00	1	$ 800,00
2 microfones sem fio tipo bastão	$ 100,00 cada	1	$ 200,00
1 microfone sem fio tipo lapela	$ 100,00	1	$ 100,00
1 *kit* de sonorização com 4 caixas amplificadas + mesa de som	$ 450,00	1	$ 450,00
1 Operador durante todo o evento	$ 200,00	1	$ 200,00
Outros gastos variáveis	$ 4.500,00	1	$ 4.500,00
		Total	$ 6.250,00

Os gastos fixos da instituição para o evento foram estimados em $ 12.600. Sabe-se que o espaço disponibilizado pelo hotel tem capacidade para 115 pessoas. Com o preço do ingresso a $ 275 por pessoa, determine:

a) a margem de contribuição unitária;

b) a receita e a quantidade de pessoas no ponto de equilíbrio;

c) a receita e a quantidade de pessoas no ponto de equilíbrio para um lucro de $ 9.500;

d) a receita e a quantidade de pessoas no ponto de equilíbrio para um lucro de $ 11.600. É possível trabalhar com essa possibilidade? Por quê?

3) O R. Inn Hotel é um empreendimento com 130 UHs, localizado em uma região litorânea. Trata-se de um hotel de categoria superior, com aproximadamente 154 funcionários. A diária média praticada é de $ 380, com os custos diretos de $ 92 por unidade habitacional. Se os custos e despesas fixos somam, pelo período anual, o valor de $ 3.646.050, determine:

a) a margem de contribuição unitária;

b) a quantidade de vendas no ponto de equilíbrio;

c) a quantidade de vendas no ponto de equilíbrio para um lucro de $ 1.750.000;

d) a quantidade de vendas no ponto de equilíbrio para um lucro de $ 1.750.000, sabendo que o valor da diária terá uma redução de $ 25 e que os custos diretos permanecerão em $ 92 por unidade habitacional;

e) a quantidade de vendas no ponto de equilíbrio para um lucro de $ 1.750.000, sabendo que o valor da diária terá uma aumento de $ 25 que e os custos diretos permanecerão em $ 92 por unidade habitacional.

Custo-Volume-Lucro e Ponto de Equilíbrio

4) Considere os seguintes dados da Pousada HP Inn:

Item	Valor
Diária por leito	$ 90
Gasto direto	$ 40
Gasto indireto	$ 750.000/ano

Agora, calcule:

a) a margem de contribuição unitária;

b) a receita e o volume de vendas no ponto de equilíbrio para um lucro por unidade habitacional de $ 25;

c) a receita e o volume de vendas no ponto de equilíbrio para um lucro por unidade habitacional de $ 25, sabendo que o preço terá um aumento de $ 8 por leito e que o gasto direto terá um aumento de $ 4,50.

5) Um grupo de investidores está estudando a possibilidade de implantar um restaurante de nível *upscale* e analisou os dados financeiros do projeto, conforme quadro abaixo:

Investimento	$ 1.370.500
Gastos fixos anuais	
Juros	$ 17.500
Depreciação	$ 22.100
Salários	$ 327.200
Seguros, telefone e Marketing	$ 115.900
Gastos variáveis sobre as receitas	
Custo com mercadoria	27%
Salários	10%
Serviços púbicos	3%
Outros gastos	5%
Outros dados	
Número de assentos	85
Preço médio	$ 69,00
Quantidade de dias em funcionamento	312 dias

Agora, determine:

a) a receita e o volume de vendas no ponto de equilíbrio para lucro zero;

b) a receita no ponto de equilíbrio para o lucro que represente 20% do capital investido;

c) a receita no ponto de equilíbrio para o lucro que represente 30% do capital investido.

6) O Centro de Convenções Minas Centro é administrado pelo Belo Tur. Foi solicitado ao departamento de controladoria o auxílio para o orçamento do empreendimento. Foram então compilados os dados orçamentários de receitas e gastos de cada departamento. A receita com locação para feiras projetou o valor de $ 3.500.000, com um gasto variável de $ 2.150.000. O *coffee shop* Espelho de Minas projetou uma receita de $ 450.000, com um gasto variável de $ 150.000. O restaurante Mirante de BH projetou receitas no valor de $ 1.200.000 e os gastos variáveis foram de $ 850.000. Os gestores têm uma estimativa de gastos fixos de $ 1.200.000.

Diante dessas informações, determine:

a) o IMCp;

b) o valor da receita para gerar um lucro de $ 1.500.000.

7) Uma empresa promotora de eventos estuda a possibilidade de promover um *show* para 2.400 pessoas, com preço de venda de $ 450, dividido em três dias de apresentação. Os gastos diretos para viabilizar o evento são:

Item	Valores
Músicos	$ 190.500
Produção	$ 65.100
Alimentos	$ 15.400
Hospedagem	$ 45.200
Mão de obra	$ 60.600
Outros gastos	$ 11.000

Sabendo que os gastos fixos da empresa são de $ 175.600, determine:

a) a quantidade de pessoas necessárias para que a empresa atinja o ponto de equilíbrio;

b) a quantidade de pessoas necessárias para que a empresa tenha um lucro que represente 30% do valor do ingresso, sabendo que o preço será de $ 470;

c) a quantidade de pessoas necessárias para que a empresa tenha um lucro que represente 40% do valor do ingresso, sabendo que o preço será de $ 420.

8) O laboratório de análises clínicas Life Care realiza exames predominantemente para conveniados em plano de saúde. O valor repassado a cada procedimento é, em média, de $ 25,00. Os custos diretos representam 30% do valor de repasse, e os custos indiretos do laboratório são de $ 120.000 por mês.

Diante dos dados expostos, calcule:

a) a margem de contribuição unitária;

b) a receita e a quantidade de procedimentos no ponto de equilíbrio;

c) a receita e a quantidade de procedimentos no ponto de equilíbrio para um lucro que represente 15% do preço de venda.

9) Um laboratório especializado em exame de DNA invasivo e não invasivo realiza o procedimento de coleta *in house*. O preço a ser pago pelo serviço é de $ 4.100. O custo direto com o serviço prestado representa 55% do preço de venda, com um custo indireto de $ 85.200/mês. Sabendo que a empresa possui capacidade de realizar 65 exames por mês, determine:

a) a quantidade necessária de exames no ponto de equilíbrio;

b) a quantidade necessária de exames no ponto de equilíbrio, para um lucro que represente 25% do preço de venda.

6

Formação de Preços

Para começar

Aqui veremos aspectos que circundam o processo de formação de preço de venda dos produtos, com enfoque na abordagem a partir dos custos e também a aplicabilidade dos métodos formais de formação de preços em serviços, especificamente em empreendimentos associados aos setores de eventos e hospitalidade é o que será abordado neste capítulo.

6.1 Conceito

A definição do preço de um produto ou serviço constitui-se em tarefa árdua para o gestor, pois as situações de concorrência são variáveis que passam por constantes alterações na percepção de valor de um bem ou serviço, levando muitas vezes à adoção de mudanças bruscas no posicionamento mercadológico do empreendimento, para que ele mantenha um nível de competitividade satisfatório.

Para Megliorini (2012), trata-se de um processo paradigmático sujeito a transformações contínuas, que leva a uma incessante busca, por parte das organizações, em se ajustar à alta competitividade no mercado de maneira geral, motivadas por um mercado consumidor em constante mudança.

Embora ainda existam empresas que buscam formar o preço a partir dos gastos associados ao processo produtivo, Martins (2010) argumenta que esse método não pode ser único, a ponto de ignorar fatores mercadológicos que influenciam demasiadamente esse processo. Megliorini (2012) complementa esta teoria ao apontar que a maior dificuldade dos gestores está na ruptura do modelo de formação de preço, pois, se antes o processo de formação era de dentro para fora (preço a partir do gasto com elaboração), atualmente, esse modelo conflita com a lógica da exigência do mercado consumidor no tocante à percepção do produto, bem como à disposição ou não a pagar por ele.

Portanto, os modelos de formação de preços possuem objetivos específicos e características de formação não só a partir dos custos de elaboração, mas também por conta dos métodos informais ou de mercado, que assumem uma disposição a pagar a partir da própria percepção do mercado consumidor.

6.2 Métodos informais

Caracterizam-se como técnicas que formam o preço de um produto ou serviço de acordo com os movimentos do mercado. Para Tuch (2000), são métodos que se utilizam de informações externas à empresa para determinar o valor de um produto.

São métodos que, para determinar o preço do produto ou serviço, ignoram a existência dos custos e despesas associados ao processo de elaboração. Esse contexto reflete a situação de mercado em que se avalia a conjuntura da oferta e da procura por bens ou serviços, que são influenciadas por movimentos cíclicos e sazonais ao longo do período.

A existência de situações mercadológicas, como o estabelecimento automático pelo mercado, o grande número de empresas ofertando os mesmos serviços, a atuação de empresas de grande porte no segmento e o estabelecimento do preço de maneira conjunta pelas empresas atuantes no mercado, ocorre sistematicamente em uma das situações, cabendo enfim analisar se há diferenças significativas entre o preço de mercado e o preço a partir dos custos.

6.3 Métodos formais

São considerados os métodos mais seguros na formação de preço por levarem em consideração os gastos incidentes nos processos de elaboração dos produtos ou serviços. Segundo Tuch (2000), pautam-se na apropriação dos custos e despesas históricos, sejam eles diretos ou indiretos, independentemente das variáveis externas ao empreendimento.

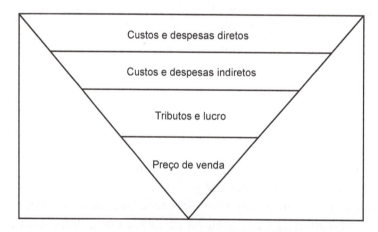

Figura 6.1 - Composição do preço de venda baseada no custo.

> **Fique de olho!**
>
> As características da maioria dos métodos estão pautadas nos preceitos da economia, no mercado e no próprio custo para elaboração nas empresas.

No tocante à teoria econômica, Megliorini (2012) afirma serem consistentes os argumentos quanto à relação de demanda/preços, pois se considera que, dependendo do preço praticado, haverá uma demanda correspondente, ou seja, em condições normais, se o preço aumentar, a demanda se reduzirá; se o preço diminuir, a demanda aumentará até que se estabeleça um equilíbrio nestas relações.

Para Martins (2010), alguns modelos apresentam melhor aplicabilidade em determinadas situações para fixar preço de venda do que outros. Em situações como a de monopólio ou de oligopólio, o uso de sistemas de apuração de custo, como o RKW ou o sistema ABC, contribui positivamente para determinar o preço ao consumidor. Em contrapartida, em mercados de alta competitividade, os métodos informais apresentam maior eficiência, e então os sistemas RKW e ABC já não possuem a mesma eficiência.

Desta maneira, com base na diversidade de métodos para formação de preços existente, serão utilizados com ênfase os métodos de inversão e o método *markup*, para atender aos objetivos do capítulo.

> **Amplie seus conhecimentos**
>
> O *Reichskuratorium für Wirtschaftlichkeit,* ou simplesmente RKW, foi desenvolvido no início do século XX, na Alemanha. Trata-se de um método de custeio baseado no rateio dos gastos diretos e indiretos das atividades operacionais nas empresas, com o objetivo de determinar o preço dos produtos ou serviços. Para saber mais, acesse: <http://www.portaldecontabilidade.com.br/tematicas/custeioporabsorcao.htm>.

6.4 Formação do preço de venda utilizando o *markup*

Segundo Megliorini (2012), o *markup* refere-se a uma margem expressa em forma relativa (indicador) que é incorporada nos custos e nas despesas para a elaboração do produto, ou seja, consiste na aplicação de um índice sobre os gastos diretos para determinar o preço de venda.

Para Padoveze (2004), a construção se estabelece com valores percentuais sobre os gastos indiretos (dependendo do sistema de apuração dos custos). O *markup* é um método que possui uma sistemática de cálculo simples e rápida, gerando menor dispêndio para a empresa.

> **Amplie seus conhecimentos**
>
> Acesse a página do Sebrae, que traz dicas interessantes para o processo de formação de preços. Trata-se de um conjunto de textos explicativos sobre os elementos a serem considerados na determinação do preço de venda.
>
> Para saber mais, acesse: <http://www.sebrae.com.br/momento/quero-melhorar-minha-empresa/utilize-as-ferramentas/formacao-de-precos>.

Na prática, a aplicabilidade desta metodologia é expressa na Tabela 6.1.

Tabela 6.1 - Aplicabilidade do *markup**

Preço de venda	100%
Custos e despesas indiretos	36%
Tributação pelo sistema simplificado	8,50%
Lucro	20%

*Considerando uma empresa tributada pelo Simples.

Esses percentuais estão interligados ao grau de participação em relação ao preço de venda ou às receitas. Cabe observar que o preço ou as receitas irão representar sempre 100% em relação aos demais itens.

Há duas maneiras distintas de se determinar o preço de venda pelo *markup*: o *markup* multiplicador e o *markup* divisor, por meio das seguintes equações:

$$Markup \text{ multiplicador} = \frac{1}{1 - (\% \text{ custo indireto} + \% \text{ tributos} + \% \text{ do lucro})}$$

O *markup* multiplicador recebe esta terminologia porque, após os cálculos na equação, o resultado é "multiplicado" pelos custos e despesas variáveis (gastos diretos).

$$Markup \text{ divisor} = 1 - (\% \text{ custos indiretos} + \% \text{ de tributos} + \% \text{ do lucro})$$

O *markup* divisor recebe esta terminologia porque, após os cálculos na equação, o resultado é "dividido" pelos custos e despesas variáveis (gastos diretos).

Ao utilizarmos o exemplo descrito sobre o *markup*, os cálculos ficariam com os seguintes resultados:

$$Markup \text{ multiplicador} = \frac{1}{1 - (\% \text{ custo indireto} + \% \text{ tributos} + \% \text{ do lucro})}$$

$$Markup \text{ multiplicador} = \frac{1}{1 - (0,36 + 0,085 + 0,2)}$$

$$Markup \text{ multiplicador} = \frac{1}{0,3550}$$

$$Markup \text{ multiplicador} = 2,8169$$

Fique de olho!

O índice de 2,8169 deve ser multiplicado pelo gasto direto unitário, para se chegar ao preço de venda a ser praticado junto ao cliente.

6.5 Formação do preço de venda utilizando o método de Inversão

Segundo Tuch (2000), é um método que tem como característica considerar todos os gastos associados à elaboração de um produto ou serviço, sejam eles diretos ou indiretos, incluindo também a margem de lucro desejada. Este processo se inicia ao se calcular o valor do lucro desejado, incluindo todos os gastos de operação da empresa, até resultar em uma receita necessária no ponto de equilíbrio.

Posteriormente, é feita a divisão da receita calculada pelo volume de vendas estimado para o período, com o objetivo de se atribuir o preço do produto. Entretanto, em situações em que as empresas ofereçam mais de uma opção de produto ou serviço, os valores encontrados com a utilização desta metodologia serão apenas valores médios.

Cabe ressaltar que este método, conhecido como fórmula de Hubbart, é muito útil em empreendimentos relacionados aos meios de hospedagem, pois tem sido eficaz na elaboração de preços justos, principalmente em hotéis que enfrentam problemas com os valores de diárias a serem praticadas em regiões com alto grau de competição.

Embora haja o reconhecimento da eficácia do método, o aspecto mercadológico deve ser observado, pois, em condições de concorrência, o preço justo a ser praticado pelo hotel pode apresentar diferença no valor que o mercado estaria disposto a pagar.

Deste modo, a construção pelo método de inversão pode ser ilustrada conforme os Quadros 6.1 e 6.2.

O DRE contábil é um relatório que expressa todas as receitas, deduzidos todos os gastos diretos e indiretos, para então chegar ao resultado de lucro ou prejuízo. No método de inversão, o processo se inicia pelo cálculo do retorno (lucro) desejado e compõe todos os gastos, passo a passo, até estabelecer o valor da receita.

Logo, a razão da terminologia método de inversão se deve ao fato de se inverter o processo de construção do resultado do empreendimento, pelo demonstrativo contábil (DRE).

Para exemplificar este método, considere que uma consultoria hoteleira adotou como política de preço a cobrança por hora técnica, e a expectativa de quantidade de horas de trabalho seja de 1.250 horas técnicas. Os gastos indiretos estão projetados em $ 35.000. Os gastos diretos estão estimados em $ 75.000, com um lucro líquido de $ 45.000. Sabendo que o imposto sobre a renda está estimado em 10% sobre o lucro antes do IR, qual deverá ser o valor da hora técnica da referida consultoria?

Quadro 6.1 - Demonstrativo do Resultado do Exercício (DRE)

	Receita líquida
–	Gastos diretos
=	Lucro bruto
–	Gastos indiretos
=	Lucro antes do IR
–	Imposto sobre a renda
=	Lucro líquido

Quadro 6.2 - DRE contábil invertido

	Retorno (lucro)
+	Imposto sobre a renda
=	Lucro antes do IR
+	Gastos indiretos
=	Lucro operacional
+	Gasto direto
=	Receita líquida

Resolução

Utilizando a tabela de inversão, o 1.º passo será inserir no campo retorno/lucro o valor de $ 45.000.

Tabela 6.2 - Tabela de inversão referente à consultoria analisada

	Retorno (lucro líquido)	$ 45.000	90%
+	Imposto sobre a renda	$ 5.000	10%
=	Lucro antes do IR	$ 50.000	100%
+	Gastos indiretos	$ 35.000	
=	Lucro operacional	$ 85.000	
+	Gasto direto	$ 75.000	
=	Receita líquida	$ 160.000	

O 2.º passo será inserir o valor do imposto sobre a renda. O imposto sobre a renda é calculado sobre o valor do lucro antes do IR, porém, ele ainda não existe. Assim, a solução é resolver, por meio da regra de três (onde, se 10% se referem ao imposto, o lucro líquido representará 90%, pois o lucro antes do IR representará 100%). Assim, $ 45.000 + $ 5.000 = lucro antes do IR, portanto, o valor do lucro antes do IR será de $ 50.000.

O 3.º passo é alocar o valor referente aos gastos indiretos ($ 35.000). Logo, o somatório do lucro antes do IR mais o gasto indireto resultará no lucro operacional ($ 85.000).

O 4.º passo é alocar o valor referente ao gasto direto ($ 75.000). O somatório entre o lucro bruto e o gasto direto resultará na receita líquida ($ 160.000). Então, para que a empresa alcance um lucro de $ 45.000, é necessário que a receita da consultoria atinja $ 160.000.

E, finalmente, o 5.º passo será determinar o preço de venda da consultoria por hora, utilizando a seguinte equação:

$$\text{Preço de venda} = \frac{\text{receita líquida}}{\text{volume de vendas}}$$

$$\text{Preço de venda} = \frac{160.000}{1.250} = \$ 128,00/\text{hora técnica}$$

Neste exemplo, foi considerado que a consultoria tem apenas um tipo de produto a ser oferecido aos clientes. Entretanto, quando há casos em que as empresas ofereçam mais de um tipo de produto ou serviço, o processo de formação de preço deverá acrescer etapas para obter o valor de cada produto ou serviço vendido.

O exemplo a seguir demonstra uma situação em que há mais produtos ou serviços a serem oferecidos:

Considere que um hotel possua 130 unidades habitacionais (UHs), cujo investimento para viabilizá-lo foi de $ 15.000.000. Os gastos indiretos estão projetados para o próximo período (ano) em $ 2.500.000, e os gastos diretos estão distribuídos pelos setores de hospedagem, restaurante e eventos, cujo valor total será de $ 4.500.000. O retorno desejado (lucro) é estimado em 20% sobre o capital investido. As receitas com os setores de restaurante e eventos estão estimadas, respectivamente, em $ 640.000 e $ 1.100.000.

A taxa de ocupação prevista (volume de vendas) é de 70%, e o imposto sobre a renda está estimado em 40%. O hotel possui três tipos de acomodações diferentes, e as proporções de vendas e as diferenças de preços são descritas na Tabela 6.3:

A partir dos dados expostos, pelo método de inversão, será determinada a tabela de preços das UHs:

Etapa 1 = calcular a receita pelo método de inversão:

» 1.º passo: calcular o retorno (lucro)

20% de $ 15.000.000 = $ 300.000

» 2.º passo: calcular o imposto

Se 40% se referirem ao imposto, o lucro líquido representará 60%, pois o lucro antes do IR representará 100%. Assim, $ 300.000 + $ 200.000 = lucro antes do IR. O valor do lucro antes do IR será de $ 500.000.

Tabela 6.3 - Acomodações, preços e porcentagem de vendas

	Porcentagem de vendas	Diferença de preço
Single	55%	Base (X)
Double	30%	+$ 60
Triple	15%	+$ 90

Tabela 6.4 - Dados financeiros do exemplo considerado

	Retorno (lucro líquido)	$ 300.000	60%
+	Imposto sobre a renda	$ 200.000	40%
=	Lucro antes do IR	$ 500.000	100%
+	Gastos indiretos	$ 2.500.000	
=	Lucro operacional	$ 3.000.000	
+	Gasto direto	$ 4.500.000	
=	Receita líquida	$ 7.500.000	

» 3.º passo: alocar o valor referente aos gastos indiretos ($ 2.500.000). Logo, o somatório do lucro antes do IR mais o gasto indireto resultará no lucro operacional ($ 3.000.000).

» 4.º passo: alocar o valor referente ao gasto direto ($ 4.500.000). O somatório entre o lucro bruto e o gasto direto resultará na receita líquida ($ 7.500.000). Para que a empresa possa alcançar um lucro de $ 300.000, é necessário que a receita global do hotel atinja $ 7.500.000.

» 5.º passo: determinar o valor da diária média: a receita global projetada foi de $ 7.500.000, como o objetivo é achar o valor da diária média, devem-se descontar desse montante as receitas com restaurante e eventos, para se obter a receita com hospedagem.

Tabela 6.5 - Cálculo para determinar a receita com hospedagem

	Receita total	$ 7.500.000
(–)	Receita com restaurante	($ 640.000)
(–)	Receita com eventos	($ 1.100.000)
=	Receita com hospedagem	$ 5.760.000

Logo, o valor da diária média será:

$$\text{Diária média} = \frac{\text{receita com hospedagem}}{\text{volume de vendas}}$$

$$\text{Diária média} = \frac{\$ 5.760.000}{33.215} \longrightarrow (130 \times 365 \text{ dias} \times 70\%)$$

Diária média = $ 173,42

Etapa 2 = calcular o preço de cada acomodação.

O valor da diária média ($ 173,42) está representando o valor de diária dos três tipos de acomodação (*Single*, *Double* e *Triple*). Os percentuais de vendas e as diferenças de preços foram definidos para cada um, onde o preço-base (incógnita) representa as diárias para acomodação *Single*; as diárias *Double* terão um preço $ 60 superior às *Single*; e as diárias *Triple* terão um valor $ 90 superior também em relação às diárias *Single*.

Tabela 6.6 - Porcentagem de vendas e diferenças de preços das acomodações

	% de vendas	Diferença de preço
Single	55%	Base (X)
Double	30%	+$ 60
Triple	15%	+$ 90

Portanto, a equação será:

Diária média = % vendas$_1$ x preço de UH$_1$ + % vendas$_2$ x preço de UH$_2$ + ...% vendas$_n$ x preço UH$_n$

$$\$ 173,42 = 55\% \times X + 30\% \times (X + \$ 60) + 15\% \times (X + \$ 90)$$

$$\$ 173,42 = 55\%X + 30\%X + \$ 18 + 15\%X + \$ 13,50$$

$$\$ 173,42 - \$ 18 - \$ 13,50 = 100\%X$$

$$X = \$ 141,92$$

Portanto, a tabela de preços por acomodação ficará da seguinte maneira:

Tabela 6.7 - Preços por acomodação

Acomodação	Valor da diária
Single	$ 141,92
Double	$ 201,92
Triple	$ 231,92

Amplie seus conhecimentos

O sistema de cálculo proposto na equação anterior remete ao conceito matemático trabalhado no Ensino Fundamental, que aborda as propriedades distributivas. Segundo o Professor Rodrigues Neto, a propriedade distributiva é muito aplicada na resolução de equações e na simplificação de várias expressões. Uma maneira de compreendê-la é com exemplos da aritmética, que possibilitam uma interpretação com mais significado. Para saber mais, acesse: <http://educacao.uol.com.br/matematica/propriedade-distributiva. jhtm>.

6.6 Algumas considerações sobre o método de inversão

O método de inversão tem como característica formar o preço do produto a partir dos custos e despesas incorridos no processo de elaboração, ou seja, ele ignora os fatores externos, como a concorrência, a percepção de preço pelo mercado consumidor, entre outros.

Entretanto, é um método que reflete de maneira mais confiável os gastos gerais do empreendimento, reproduzindo essa estrutura de custos e despesas no preço final do produto, mas com uma aplicabilidade mais ampla em relação a outros segmentos da economia.

Por fim, em um mercado de alta competitividade, é importante para o gestor conhecer a estrutura de custos e despesas no processo produtivo do empreendimento, o mais detalhadamente possível, para que, na aplicabilidade desta ferramenta, seja possível comparar o preço ideal para venda e as práticas da concorrência, a fim de que haja subsídios para a melhor tomada de decisão.

Vamos recapitular?

A dificuldade em estabelecer o preço de produtos nos tempos atuais é bastante significativa. Apesar de haver uma diversidade de métodos disponíveis, cada um possui uma característica que atende às necessidades pontuais do gestor.

Os métodos formais e informais, neste contexto, se complementam na medida em que há necessidade de ter em mãos o custo do produto ou serviço apurado de maneira consistente, para que, a partir desses dados, seja possível compará-lo com as práticas do mercado em geral. As variáveis relacionadas à concorrência e ao mercado de consumo fazem, porém, com que cada vez mais o gestor aprimore os processos de produção e eleve o padrão de inovação para justificar a política de preços praticada, levando o consumidor final a ter uma percepção melhor do produto e maior disposição a pagar pelo ofertado.

Agora é com você!

1) A empresa Ritz Festas é uma locadora de utensílios para festas. A composição dos custos indiretos foi medida em percentuais históricos, pois a empresa adota o critério de formação de preço *markup*, conforme segue:

Tabela 6.8 - Gastos e percentuais sobre a receita da empresa Ritz Festas

Gastos	Percentuais sobre a receita
Administrativo	2%
Marketing	3%
Energia	1,5%
Comunicação	0,5%
Salários	12,5%
Tributos	8,65%
Margem de lucro	25%

O custo direto do serviço prestado é, em média, de $ 35. Pelo método do *markup* multiplicador, determine o preço de venda das locações da Ritz Festas.

Formação de Preços

2) A Clínica de Reabilitação Pampulha completou o seu primeiro ano de funcionamento e não atende planos de saúde. No banco de dados estatístico da empresa, pode-se verificar que os gastos indiretos totais representaram 28% das receitas e que a tributação ficou em 12,10%. Os custos financeiros foram de 1,5% das receitas, e a margem de lucro, de 11%.

Para o próximo período, a empresa espera aumentar a sua margem de lucro para 25%, mantendo os demais gastos. Pelo método do *markup* divisor, determine o preço de venda do serviço prestado e projete o lucro total da empresa para o período, sabendo que o gasto direto será de $ 45 por paciente e que a quantidade estimada de vendas para o período é de 2.500 pessoas.

3) O Jairé Inn é um empreendimento projetado para 180 unidades habitacionais. Os investimentos para o projeto foram de $ 22.700.000, com a captação do recurso junto ao BNDES (Banco Nacional de Desenvolvimento Econômico e Social).

As projeções financeiras apontaram os seguintes gastos:

Os investidores esperam um retorno de 15% sobre o capital investido, considerando que a tributação sobre o lucro antes do imposto sobre a renda (IRPJ) será de 27%. O hotel possui em sua estrutura quatro tipos diferentes de acomodações. Observe na tabela a seguir o percentual de vendas de cada produto e as respectivas diferenças de preços:

Gastos	Valores
Indiretos	
Juros	$ 235.700
Administrativo	$ 445.500
Seguros	$ 194.100
Depreciação	$ 98.050
Salários	$ 1.648.900
Comercial	$ 712.400
Marketing	$ 628.390
Diretos	
Hospedagem	10% da receita total
A&B	12% da receita total
Convenções	5% da receita total
Administração	1,5% da receita total

Acomodação	% de vendas	Diferença de preço
Single Easy	37%	Base (X)
Double Sleep	28%	+ $ 35,00
Double Comfort	20%	+ $ 65,00
Master	15%	+ $ 130,00

As receitas com os outros departamentos têm as seguintes projeções:

Receita	Valores
A & B	$ 1.246.700
Convenções	$ 847.200

Com a taxa de ocupação prevista para 75%, determine pelo método de inversão:

a) a receita total;

b) a receita com hospedagem;

c) a diária média;

d) a tabela de preços do hotel.

4) Um requintado bar e restaurante com ótima localização é um espaço de alta gastronomia e seu público é predominantemente da classe "A". Há aproximadamente 100 assentos, com giro por assento de 1,1 pessoa em média. Sabe-se que o restaurante funciona de terça a domingo, sendo o total por ano de 311 dias trabalhados. Os gastos variáveis representam 42% das receitas, e os gastos fixos estão estimados em $ 1.894.000,00.

Foram investidos cerca de $ 2.300.000,00 no empreendimento e, para o próximo período, o lucro desejado antes do IRPJ deverá representar 45% desse valor. Em seu cardápio, existem 220 itens de alimentação divididos em seis grandes grupos, a saber:

Item	Preço	Proporção de vendas
1	Base	12%
2	+ $ 43,50	19%
3	+ $ 53,10	27%
4	+ $ 70,00	15%
5	+ $ 97,60	17%
6	+ $ 110,00	10%

De posse desses dados, determine a tabela de preços pelo método de inversão.

5) A Sabino Assessoria em Entretenimento S/C Ltda. é uma prestadora de serviços relacionada à atividade em eventos e entretenimento, com atuação no mercado há pelo menos dez anos. O processo de formação de preço da empresa dimensiona a mensuração de horas disponíveis *versus* a hora técnica de trabalho. Assim, para cada tipo de serviço prestado, há diferenças na hora de trabalho, conforme a tabela a seguir:

Produto	% de vendas	Diferença de preço
Infantil	19%	Base
Formatura	27%	+ $ 7,50
Casamento	34%	+ $ 9,10
Congressos	20%	+$ 17,10

A estrutura de gasto da empresa se apresenta de maneira otimizada, apesar de haver uma base de trabalho em que os gastos operacionais projetados para um determinado período serão na ordem de $ 75.900,00; já os gastos não operacionais (que se referem a juros, seguros etc.) têm previsão de gastos de $ 12.400,00. A expectativa de retorno da empresa para o mesmo período em questão está estimada em 15% do capital investido, cujo valor foi de $ 450.000.

Os gastos variáveis diretos foram estimados, em média, em 20% das receitas para os quatro produtos, ao mesmo tempo em que o IR será de 25%. Por fim, para o período em análise, a empresa terá 2.500 horas disponíveis para os trabalhos, das quais 70% devem ser utilizadas.

Com base nestes dados, determine a tabela de preços por hora de trabalho da empresa e de seus consultores, a partir do método de inversão.

Formação de Preços

6) A Gilberttina Participações é uma empresa que atua na área de entretenimento. Trabalha com quatro produtos: *Shows* Abertos, *Shows* Fechados, Festas Sociais e Formaturas. Os

Item	Preço	Proporção de vendas
Baladas	Base	40,80%
Shows Abertos	– $ 12,00	28,70%
Festas Sociais	+ $ 85,00	23,40%
Shows Fechados	+ $ 102,00	7,10%

preços são cobrados por pessoa, e o valor médio é de $ 215. Segundo projeções para o próximo ano, os dados são os seguintes:

Com base nos dados expostos, determine a tabela de preços dos eventos.

7) O Inn Festa Bar é um novo projeto gastronômico, com 80 assentos. Contou com um investimento inicial de $ 1.500.000, que gerou um *couvert* médio de $ 49,90.

Item	Preço	Proporção
Frango Cordon Bleu	Base	35%
Lombo à Toscana	–10%	29%
Filet Mignon	–8%	23%
Escalope com Amêndoas e Nozes	+12%	13%

De posse dos dados, determine a tabela de preços das refeições.

8) O Inn Festa Hotel é um empreendimento que possui em seu tarifário três tipos de acomodações, cuja diária média é de $ 202, com três tabelas diferentes de preço, a saber:

a) tarifa de balcão; b) tarifa para empresas; c) tarifa para grupos turísticos.

A diferença de preços e de percentuais de vendas de cada um está assim discriminada:

Acomodação	Proporção de vendas	Diferença de preço
Balcão - simples	12%	Base (X)
Balcão - dupla	9%	+ $ 60
Balcão - tripla	2%	+ $ 130
Empresa - simples	21%	–12%
Empresa - dupla	15%	–7%
Empresa - tripla	1%	–1%
Grupos - simples	5%	–2%
Grupos - dupla	18%	–14%
Grupos - tripla	17%	–10%

Determine a tabela de preços, com base na tarifa de balcão, considerando as respectivas acomodações.

7

Planejamento Financeiro Orçamentário

Para começar

Neste último capítulo veremos os conceitos básicos sobre o planejamento orçamentário. Discutiremos os aspectos relevantes dentro dos procedimentos para elaboração de orçamentos e abordaremos os instrumentos e ferramentas que auxiliam nas etapas deste processo. Por fim, aplicaremos as técnicas de projeção orçamentária.

7.1 Conceito

A necessidade das empresas em planejar as atividades operacionais e os resultados a elas atrelados é uma maneira estratégica de elas se prepararem para o futuro. O orçamento, nesse contexto, é o instrumento que traduz essa necessidade, abordando pontos fundamentais para o direcionamento dos trabalhos empresariais.

O conceito de orçamento, segundo Frezatti (2007), está associado a um planejamento financeiro para implementação de estratégias empresariais para um determinado tempo. Envolve as prioridades e o direcionamento que a entidade deve adotar, além de proporcionar condições para que se avalie o desempenho das organizações em suas áreas internas e de seus gestores.

Para Tuch (2000), a fase de planejamento estabelece planos operacionais para determinar objetivos formais, previsão de vendas com base em uma estrutura de preços, previsão de gastos associados ao volume de vendas, bem como prepara formalmente relatórios que apontem as políticas e os objetivos traçados.

Além disso, acrescenta-se a fase de controle, que corresponderá ao acompanhamento das atividades operacionais, fazendo análise de desempenho, observando suas variações e derivações, com o objetivo de corrigir possíveis distorções.

Nesse contexto, a importância dos sistemas de informações contábeis se faz presente, pois, havendo geração de dados consistentes, o processo de planejamento financeiro da empresa será elaborado com sucesso, do contrário será um trabalho perdido.

O uso de um sistema orçamentário é importante na gestão empresarial, mas, ao mesmo tempo, apresenta vantagens e desvantagens que devem ser observadas com atenção, sob o risco de levarem empreendedores ou gestores a tomarem decisões equivocadas, como as descritas na Tabela 7.1.

Tabela 7.1 - Vantagens e desvantagens do sistema orçamentário

Vantagens	Desvantagens
Exige que se estabeleçam previamente as políticas, diretrizes, objetivos e métricas de desempenho.	Inflexibilidade do processo orçamentário, pois, após aprovação, não permite alterações.
Permite maior comunicação, integração e participação dos membros da organização.	A aplicação de percentuais de cortes gerais nos custos, sem que haja análise prévia do contexto de cada área ou setor.
Obriga os colaboradores a focarem o futuro e a não se aterem a problemas diários da organização.	Projeções conservadoras de receitas.
Possibilita a formação de uma estrutura com atribuição de responsabilidades.	Uso excessivo de tendências históricas, sem que haja análises mais coerentes do contexto atual.
Propicia maior controle das atividades organizacionais e auxilia a atingir as metas.	Custo financeiro significativo no processo de elaboração.
Motiva os indivíduos na organização, com metas que podem ser a base para a remuneração variável.	Relações de poder e disputas internas por disponibilização de recursos.
Define objetivos e metas específicos, que podem se tornar referências ou padrões de desempenho, além de estipular quando essas medidas devem ser atingidas.	Desmotivação do quadro funcional.

7.2 Tipos de planejamento

O plano orçamentário constitui um planejamento estratégico que se estabelece em conformidade com os objetivos da alta gestão, de planejamentos táticos, que envolve os grandes setores ou setores de referência, bem como de subplanejamentos, que se caracteriza como planejamento operacional.

Segundo Tuch (2000), para a elaboração do orçamento, é importante que todos os indivíduos dos mais variados níveis funcionais se envolvam na troca de ideias e auxiliem no processo decisório, pois os colaborados que estão espalhados nas diversas áreas de operação detêm o conhecimento sobre o funcionamento das atividades, e é importante que eles opinem e sugiram melhorias.

É um processo construído das bases setoriais para a alta hierarquia da empresa, em que os dados utilizados influenciarão os objetivos e as metas a serem atingidos, que, por sua vez, são integralizados, permitindo o desenvolvimento do plano principal.

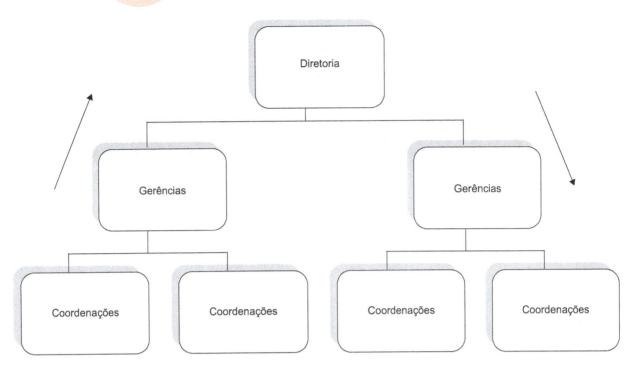

Figura 7.1 - Hierarquia orçamentária.

Um plano orçamentário constitui-se basicamente de um planejamento estratégico em conformidade com os objetivos da alta administração, de planejamentos táticos dos grandes setores da organização e de subplanejamentos de cada um deles, culminando no planejamento operacional.

7.2.1 Planejamento estratégico

É um tipo de planejamento que está relacionado com objetivos empresariais de médio e longo prazo e que influenciam diretamente a gestão e as finanças da empresa.

Para Drucker (2006), é um processo contínuo, sistemático e com maior conhecimento possível do futuro, a fim de orientar decisões atuais que envolvem riscos, organizar as atividades necessárias à execução das decisões, além de mensurar o resultado dessas decisões em confronto com as expectativas alimentadas.

O planejamento estratégico é um elemento vital às organizações, pois está ancorado na fixação da missão, das políticas e dos objetivos, com vistas a alcançar vantagem competitiva no mercado sobre a concorrência e, consequentemente, adicionar valor à empresa.

Segundo Tuch (2000), o planejamento estratégico possui as seguintes características:

Tabela 7.2 - Características do planejamento estratégico

Características	Ações
Gerais	Definir as linhas estratégicas para vendas, lucro, gestão do patrimônio, estrutura do capital da empresa e retorno sobre o investimento. Duração: de dois a dez anos. Determina os objetivos gerais, considerando a missão da empresa, o tipo de produto ou serviço, os recursos financeiros, a política de financiamento, a estrutura administrativa e as taxas de crescimento.
Influências internas	Estrutura existente e proposta. Alterações dos produtos ou serviços. Natureza da empresa.
Influências externas	Aspectos da micro e da macroeconomia. Demanda dos produtos ou serviços. Concorrência. Taxa de crescimento populacional.
Principais documentos	Demonstrativo do Resultado do Exercício (DRE). Balanço patrimonial. Fluxo de investimentos. Origens dos recursos e aplicação. Fluxo de caixa.

Fonte: Adaptado de Tuch, 2000.

7.2.2 Planejamento tático

É um tipo de planejamento exercido no âmbito intermediário das organizações, em nível gerencial ou departamental. Consiste em analisar aspectos menos globais (como ocorre no estratégico), cuja dimensão de tempo é o médio prazo.

O planejamento tático ocorre quando as diretrizes e os objetivos previamente delineados no nível estratégico precisam ser viabilizados pelo gestor, ou seja, necessita assegurar que o desempenho da execução venha ao encontro dos planos que foram traçados.

Nessa fase, o gestor deve estabelecer processos de controle que envolverão as características descritas na Tabela 7.3.

Tabela 7.3 - Características do planejamento tático

Processo	Características
Estabelecimento de padrões	Depende diretamente dos objetivos, especificações e resultados previstos, oriundos do processo de planejamento. Padrões referem-se a níveis de desempenho adotados como referência. Fornece critérios para medir o desempenho e avaliar os resultados.
Avaliação dos resultados	Apoia-se fundamentalmente em informações captadas a partir do acompanhamento da execução dos planos de ação estabelecidos. Permite influenciar decisões, para corrigir possíveis desvios ou distorções nas atividades planejadas.
Comparação dos resultados com os padrões	É uma atividade normalmente executada por uma assessoria (staff). Proporciona informações a respeito da quantidade, da qualidade, do período e dos custos das atividades associadas a cada departamento da empresa, permitindo a avaliação em relação aos padrões estabelecidos.
Ações corretivas	Decisões tomadas pelos gestores em razão dos resultados obtidos. Há a concentração e o controle de diversos assuntos na figura do gestor, que só deverá autorizar certas ações após conferência do responsável.

Fonte: Lunkes, 2003.

Sendo assim, a ênfase será nas atividades operacionais da organização, em que o planejamento tático se torna menos genérico e mais detalhado que o estratégico, por ser um plano de execução das diretrizes estabelecidas.

7.2.3 Planejamento operacional

Está ancorado nos objetivos de curto prazo, no que tange à execução de operações de rotina na empresa. Segundo Tuch (2000), é um plano detalhado de operações prevendo a alocação de todos os recursos durante determinado período, que pressupõe um plano anual de operação com a finalidade de controlar a alocação de recurso.

Tem como objetivo maximizar o capital aplicado na empresa por certo período, envolvendo decisões mais descentralizadas, em que há mais ações repetitivas e maiores mudanças. O plano operacional abrange os seguintes relatórios:

- » previsão de vendas;
- » previsão de lucro (departamentos geradores de receitas);
- » restrições de gastos (departamentos);
- » projeção de demonstrações financeiras (balanço patrimonial e DRE);
- » previsão de investimentos;
- » origens e aplicações dos investimentos;
- » fluxo de caixa.

O planejamento operacional envolverá, portanto, uma execução de tarefa ou qualquer atividade mais específica nas empresas, de maneira que possa mitigar os riscos envolvidos na atividade

Planejamento Financeiro Orçamentário

empresarial, utilizando-se de programação e racionalização dos processos em todos os procedimentos rotineiros do empreendimento.

7.3 Orçamentos estáticos e flexíveis

O orçamento estático é elaborado com base em uma única quantidade de vendas ou produção, não cabendo qualquer alteração. Segundo Padoveze (2005), o orçamento dos demais departamentos só ocorrerá após a fixação do volume de vendas, e, em caso de variações, não haverá a possibilidade de reavaliar as quantidades ou valores previstos, conforme a Tabela 7.4.

Tabela 7.4 - Orçamento estático

	Orçamento previsto	Orçamento realizado
Quantidade de vendas	548	531
Receitas	$ 455.200	$ 417.600
Custos de vendas	$ 274.100	$ 264.300
Despesas operacionais	$ 92.800	$ 85.430
Lucro	$ 88.300	$ 67.870

Em contrapartida, nos orçamentos flexíveis, há a possibilidade de ajuste em qualquer nível da empresa. Segundo Tuch (2000), as projeções são elaboradas atendendo cenários possíveis de execução, ou seja, há uma reflexão em que são consideradas diferentes quantidades de produtos ou serviços a serem vendidos.

Consiste em uma ferramenta de apoio aos gestores, pois as decisões no processo não são impostas pela alta gestão da empresa, mas sim discutidas nos diversos níveis e departamentos organizacionais da entidade com o mesmo grau de atividade.

Assim, a execução do orçamento flexível é dada inicialmente pela separação dos gastos fixos e dos gastos variáveis, pois o orçamento flexível tem como base os valores unitários, que, por sua vez, irão se alterar de acordo com as quantidades vendidas no momento em que se fazem os ajustes. A Tabela 7.5 ilustra esta situação.

Tabela 7.5 - Orçamento flexível

	Fixo	Variável	Orçamento previsto	Orçamento realizado	Ajustado
Quantidade de vendas			548	531	531
Receitas		$ 830,66	$ 455.200	$ 417.600	$ 441.080,46
Custos de vendas		$ 500,18	$ 274.100	$ 264.300	$ 265.500
Despesas operacionais	$ 72.800	$ 36,50	$ 92.800	$ 85.430	$ 92.181,50
Lucro	$ 88.300		$ 88.300	$ 67.870	$ 83.398,96

Na Tabela 7.5 percebe-se que os valores foram separados em fixos e variáveis. Alguns valores são apenas variáveis, como receitas e custos, e outros possuem uma parte fixa e outra variável, como despesas operacionais. Para estas, o valor variável unitário é multiplicado pela quantidade de vendas realizada e, posteriormente, somado ao valor da parte fixa ($ 72.800). Para os demais itens (receitas e custos), os valores unitários são multiplicados pela quantidade de vendas realizada.

7.4 Previsão do volume de vendas

No processo de elaboração do orçamento de vendas de uma empresa, é comum proceder com análises históricas de vendas. Algumas ferramentas estatísticas podem auxiliar nas tendências padrão, cíclicas e sazonais para entender os movimentos que influenciaram as vendas e, assim, projetar os valores.

Na visão de Lunkes (2003), a necessidade de se realizar um exame detalhado sobre as tendências passa por pesquisas mercadológicas sobre as expectativas do consumidor, sem deixar de fazer uma análise temporal sobre o histórico da empresa, que possibilite observar novas oportunidades de vendas.

Cabe ressaltar neste contexto que algumas empresas trabalham com ferramentas que permitem simulações sofisticadas em *software* para validar os dados apurados e possibilitar estratégias mais precisas, tanto em marketing como nas vendas.

Entretanto, alguns fatores apresentam limitações neste processo de previsão, como observa Tuch (2000), sendo:

» Período de tempo: trata-se de um fator importante, porém, quanto maior for o tempo de previsão, maior será a incerteza, pois há inúmeras variáveis internas e externas ao ambiente da empresa, que poderão afetar significativamente a precisão dos dados, gerando, assim, elevado risco à atividade.

» Incerteza: as informações devem ser coletadas e analisadas, preferencialmente de maneira combinada com outros dados, para que se possam tomar decisões mais seguras.

» Dados históricos: devem ser utilizados com ressalvas, pois o que ocorreu no passado pode não se repetir no futuro. São sinalizadores sobre uma atividade, mas não evidenciam uma tendência por completo.

» Previsões: são menos precisas do que se espera. Entretanto, o aprimoramento deste processo se dá pela experiência adquirida, que, por sua vez, promove melhor desempenho do planejamento.

7.5 Métodos de progressões temporais

No processo de previsão de vendas, algumas métricas são necessárias para que haja as projeções, das quais Tuch (2000) destaca que a progressão temporal se refere ao conjunto de variações que vão se repetindo ao longo do tempo e que, uma vez identificadas auxiliam na elaboração do orçamento da empresa. Já as formais partem do princípio de que uma variável existirá em função de outras, ou seja, existirá uma variável dependente e outra independente.

Há duas maneiras de progressão para se estabelecer indicadores de projeção, conforme a seguir.

7.5.1 Progressão simples

O valor da previsão futura é igual ao valor do período anterior, acrescido de um indicador percentual de correção.

$$\text{período } 0 = 20.000 \text{ (volume de vendas)}$$

$$\text{período } 1 = 20.000 \times 1,10 = 22.000 \text{ (volume de vendas)}$$

É um procedimento simples para se projetar uma quantidade de vendas ou receitas, em que o valor de 1,10 se refere a um índice que irá corrigir a quantidade esperada de vendas para o futuro.

7.5.2 Análise horizontal

Este é outro método simples que busca encontrar o relacionamento entre os volumes de vendas pelo período, utilizando-se do cálculo de variação entre um valor e outro, nos períodos apurados. Matematicamente, o cálculo é feito da seguinte maneira:

$$AH = (\text{último valor} / \text{primeiro valor}) - 1 \times 100$$

Tabela 7.6 - Análise horizontal

	Ano 0	Ano 1	Ano 2	Ano 3	Ano 4	Projeção
Vendas	498	508	518	528	539	550
Variação		+2%	+2%	+2%	+2%	

$$AH = (508/498) - 1 \times 100$$

$$AH = 1,02 \text{ ou } 2\%$$

Logo, a projeção para o ano seguinte deverá ser de $550 \times 1,02 = 550$.

A taxa de crescimento ficou em 2% porque, historicamente, essa foi a variação. Para a projeção, devem, então, acrescentar 2% acima do resultado anterior, que foi de 539. Ressalta-se que os valores referentes à variação foram arredondados.

Na média flutuante, é feito um cálculo referente aos valores médios das variações anteriores. Tuch (2000) reconhece que nesses cálculos médios entre o valor projetado e o valor realizado há uma aleatoriedade nos dados de período em período, e não se pode considerá-los para efeito de projeção. Para eliminá-los, usa-se o cálculo médio das quantidades de vendas.

$$\text{Média das variações} = \frac{\text{Total das atividades}}{\text{Períodos}}$$

Tabela 7.7 - Definição da média das variações

	Ano 0	Ano 1	Ano 2	Ano 3	Ano 4	Projeção
Vendas	1.075	940	1.004	1.069	1.091	1.036
Variação		−13%	+7%	+6%	+2%	

$$\text{Média das variações} = \frac{1.075 + 940 + 1.004 + 1.069 + 1.091}{5} = 1.036$$

Considerando os valores de variação, eles não representam uma tendência de movimento para se calcular pela média da variação percentual. Neste caso, os valores aleatórios não representarão uma tendência futura, em razão dessas flutuações históricas.*

Outra situação abordada por Tuch (2000) se refere à extrapolação mercadológica, que consiste na ideia de que todo empreendimento atua dentro de um mercado, cujos resultados irão depender do comportamento dos diversos segmentos, para influenciar o volume de vendas da empresa.

Esse fato pressupõe que a empresa não gerará uma quantidade de vendas de maneira independente do mercado em que atua, pois essas vendas são diretamente influenciadas por razões econômicas (demanda) que afetarão os resultados do empreendimento.

Considerando uma sequência histórica do mercado hoteleiro, têm-se:

Tabela 7.8 - Valores do mercado hoteleiro

	UH	Ano 1	Ano 2	Ano 3	Ano 4
Hotel ING	120	26.490	26.970	27.712	28.600
Beach	110	24.090	24.572	25.059	25.116
Vista Bela	140	30.054	30.655	31.000	31.700
Colibri	105	22.995	23.455	24.030	24.584
Total	475	103.629	105.652	107.800	110.000

Fonte: Adaptado de Tuch (2000).

Considerando o levantamento de desempenho dos hotéis em uma determinada região, tem-se quatro concorrentes diretos, e cada um disponibiliza quantidades de UHs no mercado, cujo total somado será de 475 apartamentos. Ao analisar o Hotel ING, tem-se:

Tabela 7.9 - Análise horizontal do mercado

	Ano 1	Ano 2	Ano 3	Ano 4
Demanda de mercado	103.629	105.652	107.800	110.000
Variação		+2,0%	+2,0%	+2,0%

Tabela 7.10 - Análise horizontal do ING Hotel

	Ano 1	Ano 2	Ano 3	Ano 4
Hotel ING	26.490	26.970	27.712	28.600
Variação		+1,8%	+2,8%	+3,2%

Neste caso, a tendência de crescimento do mercado para o próximo período será de 2%, ou seja, passaria de 110.000 para 112.200. O Hotel ING atrairia uma parte desta demanda, que ficaria vinculada ao seu índice de desempenho no mercado, cujo procedimento para cálculo é o seguinte:

» 1.º passo: determinar o índice de participação do hotel no mercado:

---

* Uma saída para esses casos é considerar a média das variações no período.

» **2.º passo:** determinar a demanda ideal:

Demanda ideal = demanda total do mercado x fator ideal

Demanda ideal = 110.000 + 25,3% = 27.830 UHs

» **3.º passo:** calcular o índice de desempenho:

$$\text{Índice de desempenho} = \frac{\text{demanda real (Hotel IHG)}}{\text{demanda ideal}}$$

$$\text{Índice de desempenho} = \frac{28.600}{27.830} = 1,03$$

O hotel possui um desempenho de cerca de 3% acima da média do mercado.

Ao projetar a demanda de apartamentos a serem vendidos para o próximo período, tem-se:

Demanda projetada = demanda total x fator ideal x índice de desempenho

Demanda projetada = $110.000 \times 25,3\% \times 1,03$

Demanda projetada = 28.665 UHs, aproximadamente.

7.6 Métodos formais

Os métodos quantitativos, quando aplicados na gestão das organizações, tornam-se uma ferramenta de valor no auxílio às decisões a serem tomadas pelo gestor. As técnicas estatísticas aprimoram os processos de verificação do comportamento das vendas e dos gastos de maneira geral.

Dentre estas técnicas estatísticas, destaca-se a análise de regressão linear, que, para Sell (2005), estabelece uma equação matemática que descreve a relação entre duas variáveis, sendo uma dependente e outra independente, cuja finalidade será estimar uma variável, com base em valores já conhecidos da outra.

Em outras palavras, o modelo de regressão relaciona dois elementos que se "explicam", como a quantidade formaturas ocorridas em um determinado período e o número de alunos formandos nas instituições de ensino. A base da discussão está em uma variável conhecida (independente) e em uma variável desconhecida (dependente).

> **Fique de olho!**
>
> Para mensurar o grau de relação das variáveis dependentes com as variáveis independentes, utilizam-se os coeficientes de correlação como um caminho para medir o grau de intensidade de relacionamento das variáveis em estudo.

Exemplo

Aplicabilidade de regressão linear simples

Considerando que a variável X represente o número de alunos formandos e a variável Y represente o número de pessoas no evento de formatura, tem-se:

	Formandos (X)	N.º de pessoas no evento (Y)
Ano 1	75	770
Ano 2	67	690
Ano 3	80	810
Ano 4	130	1090
Ano 5	180	1380
Total	532	4.740

A equação da reta será representada por:
Y = a + bx

Sendo:

Y = variável dependente   x = variável independente (explicativa)

a = coeficiente angular   b = constante

A equação que representará o cálculo da regressão linear simples será:

$$\hat{\alpha} = \frac{\sum X^2 \sum Y - \sum(XY) \sum X}{n \sum X^2 - (\sum X)^2}$$

Sendo:

Y = quantidade de participantes no evento (variável dependente)

n = períodos

Σ = somatório de todos os valores

X = quantidade de alunos formandos (variável independente)

Preenchendo os valores para X^2; XY e Y^2 na tabela, tem-se:

	Formandos (X)	Nº de pessoas no evento (Y)	X²	X.Y	Y²
Ano 1	75	770	5.625	57.750	592.900
Ano 2	67	690	4.489	46.230	476.100
Ano 3	80	810	6.400	64.800	656.100
Ano 4	130	1090	16.900	141.700	1.188.100
Ano 5	180	1380	32.400	248.400	1.904.400
Total	532	4.740	65.814	558.880	4.817.600

Substituindo os valores da tabela na equação:

$$\text{Regressão linear} = \frac{(65.814 \times 4.740) - (558.880 \times 532)}{5 \times (65.814) - (532)^2}$$

Planejamento Financeiro Orçamentário

Exemplo

Regressão linear = $\dfrac{311.958.360 - 397.324.160}{329.070 - 283.024}$

Regressão linear = 318

N.º de pessoas no evento (por formando) = $\dfrac{\text{n.º de pessoas} - (\text{regressão} \times \text{n.º de períodos})}{\text{n.º de formandos}}$

N.º de pessoas no evento = $\dfrac{4.740 - (318 \times 5)}{532}$

N.º de pessoas no evento por formando = 6 pessoas, aproximadamente

Desta maneira, a fórmula da equação da reta ficará assim: Y = 318 + 6x

Ou seja, cada formando que for ao evento levará 6 convidados. Se ocorrer um acréscimo de 50 formandos, haverá 300 pessoas a mais, que, somadas às 318 (fixas), totalizarão para o próximo período 618 pessoas.

7.7 Elaboração das projeções financeiras

A elaboração do orçamento nas empresas é um processo de construção a ser desenvolvido pelos gestores das diversas áreas da organização, para que possa ser consolidado na área financeira. Os parâmetros a serem considerados para as projeções serão o volume de vendas, o preço, os custos e as despesas.

O exemplo a seguir ilustra esse processo, em que serão aproveitados os dados da demanda da Seção 7.5, para que haja melhor compreensão.

Exemplo

O CMB Hotel é um empreendimento com 110 UHs e está em processo de elaboração do orçamento para o ano seguinte, com os seguintes dados a considerar:

Oferta e demanda histórica

	UH	Ano 1	Ano 2	Ano 3	Ano 4
Hotel ING	120	26.490	26.970	27.712	28.600
Beach	110	24.090	24.572	25.059	25.116
Vista Bela	140	30.054	30.655	31.000	31.700
Colibri	105	22.995	23.455	24.030	24.584
Total	475	103.629	105.652	107.800	110.000

O comportamento da diária média no mesmo período foi a seguinte:

Período	Diária	Variação
Ano 1	$ 194	
Ano 2	$ 181	–6,7%
Ano 3	$ 210	+16,0%
Ano 4	$ 250	+19,1%

O histórico do volume de vendas, custos e despesas para o mesmo período foi:

	Ano 1	Ano 2	Ano 3	Ano 4
Volume de vendas	24.090	24.572	25.059	25.116
Custos	$ 570.900	$ 571.740	$ 577.400	$ 581.200
Despesas	$ 241.999	$ 243.249	$ 247.839	$ 251.116

Respostas:

1.º Passo

Determinando o índice de desempenho:

$$\text{Fator ideal} = \frac{\text{n.º de UHs do hotel}}{\text{n.º de UHs do mercado}}$$

$$\text{Fator ideal} = \frac{110}{475} = 23{,}2\%$$

2.º Passo

Demanda ideal = demanda total do mercado x fator ideal

Demanda ideal = 110.000 + 23,2% = 25.520 UHs

3.º Passo

$$\text{Índice de desempenho} = \frac{\text{Demanda real}}{\text{Demanda ideal}}$$

$$\text{Índice de desempenho} = \frac{25.116}{25.520} = 0{,}98$$

Demanda projetada = demanda total x fator ideal x índice de desempenho

Demanda projetada = 110.000 × 23,2% × 0,98

Demanda projetada = 25.010 UHs

4.º Passo

Projetando a diária

Período	Diária	Variação
Ano 1	$ 194	
Ano 2	$ 181	–6,7%
Ano 3	$ 210	+16,0%
Ano 4	$ 250	+19,1%
Média		9,5%

Diária média: $ 250 + 9,5% = $ 273,75

5.º Passo

Determinando o gasto fixo e o gasto variável pelo método de regressão linear.

	UHs (X)	Custos (Y)	X^2	X.Y
1	24.090	570.900	580.328.100	13.752.981.000
2	24.572	571.740	603.783.184	14.048.795.280
3	25.059	577.400	627.953.481	14.469.066.600
4	25.116	581.200	630.813.456	14.597.419.200
Total	98.837	2.301.240	2.442.878.221	56.868.262.080

$$\hat{\alpha} = \frac{\sum X^2 \sum Y - \sum(XY) \sum X}{n \sum X^2 - \left(\sum X\right)^2}$$

$$\text{Gasto fixo} = \frac{(2.442.878.221 \times 2.301.240) - (56.868.262.080 \times 98.837)}{5 \times (2.442.878.221) - (98.837)^2}$$

$$\text{Gasto fixo} = \frac{960.658.093.080}{2.760.315}$$

Gasto fixo = $ 348.025/ano $\times$ 4 = $ 1.392.100 (em quatro anos)

$$\text{Custo variável unitário} = \frac{\text{gasto misto} - \text{gasto fixo}}{\text{UHs vendidas}}$$

$$\text{Custo variável unitário} = \frac{\$\ 2.301.240 - \$\ 1.392.100}{98.837}$$

Custo variável unitário = $ 9,20

Para as despesas, o processo se repete na apuração da despesa fixa e da despesa variável:

UHs (X)	Despesas (Y)	X²	X.Y
1	24.090	241.999	580.328.100	5.829.755.910
2	24.572	243.249	603.783.184	5.977.114.428
3	25.059	247.839	627.953.481	6.210.597.501
4	25.116	251.116	630.813.456	6.307.029.456
Total	98.837	984.203	2.442.878.221	24.324.497.295

$$\text{Gasto fixo} = \frac{(2.442.878.221 \times 984.203) - (24.324.487.295 \times 98.837)}{5 \times (2.442.878.221) - (98.837)^2}$$

$$\text{Gasto fixo} = \frac{127.734.596.948}{2.760.315}$$

Gasto fixo= $ 46.275/ano × 4 = $ 185.100 (em quatro anos)

$$\text{Despesa variável unitária} = \frac{\text{Gasto Misto} - \text{Gasto Fixo}}{\text{UHs Vendidas}}$$

$$\text{Despesa variável unitária} = \frac{\$\,984.203 - \$\,185.100}{98.837}$$

Despesa variável unitária = $ 8,09

Assim, o quadro de projeção do CMB Hotel será o seguinte:

Volume de vendas	25.010 UHs
Diária média projetada	$ 273,75
Custos	Parte fixa: $ 348.025
	Parte variável: $ 9,20
Despesas	Parte fixa: $ 46.275
	Parte variável: $ 8,09

Projeção do orçamento		Cálculo
Receita	$ 6.846.488	(275,73 × 25.010)
Custos	$ 578.117	Parte variável = (9,20 × 25.010) + Parte fixa (348.025)
Despesas	$ 248.606	Parte variável = (8,09 × 25.010) + Parte fixa (46.275)
Lucro	$ 6.019.765	(Receitas – Custos – Despesas = Lucro)

Podem ocorrer pequenas distorções nos valores, em razão do processo de arredondamento.

> **Fique de olho!**
>
> O uso de ferramentas como a regressão linear deve vir acompanhado de estudos mercadológicos, para que, havendo distorções entre os resultados gerados e as pesquisas de mercado, o gestor possa ponderar e efetuar correções para reduzir a margem de risco de operação do empreendimento.

Vamos recapitular?

O planejamento orçamentário nas organizações é um instrumento que norteia as ações futuras do empreendimento. O desenvolvimento deste planejamento ocorre nos âmbitos estratégico, tático e operacional, visando alcançar os objetivos traçados pela alta gestão.

Existe uma diversidade de abordagens, como a qualitativa e a quantitativa, que buscam levantar variáveis que possam viabilizar as projeções orçamentárias, reduzindo a margem de erro nas previsões.

Os métodos estatísticos propostos analisam as evoluções históricas da empresa, para que se possam prospectar as projeções. Entretanto, é recomendável que o uso destas técnicas econométricas seja feito concomitantemente ao confronto dos dados com as oscilações de mercado.

Agora é com você!

1) A JMS é uma promotora de feiras e negócios e está em fase de elaboração do orçamento para o próximo período. Para tanto, levantou seu histórico de atividades referente aos últimos três anos:

	Ano 1	Ano 2	Ano 3
Vendas	112	127	170

Utilize o critério da média da variação horizontal para determinar a quantidade futura.

2) Ao efetuar um desmembramento do volume de vendas por unidade de negócio, tem-se:

	Ano 1	Ano 2	Ano 3
Automóveis	23	28	40
Moda	47	52	70
Agropecuária	42	47	60
Total	112	127	170

Projete o crescimento por segmento, a partir da proporção de participação referente ao último ano.

3) O histórico do preço de venda unitário de um produto nos últimos três anos apontou para o seguinte:

	Ano 1	Ano 2	Ano 3
Preço	$ 12.400	$ 12.940	$ 14.400

A distribuição das receitas será proporcional à participação nas vendas, tomando como base o Ano 3. Desta forma, por meio da análise horizontal, determine a taxa média histórica do preço de vendas, e a utilize para atualizar o preço para o ano de 20x1.

4) Os gastos referentes a custos e despesas de uma determinada empresa foram os seguintes:

	Ano 1	Ano 2	Ano 3
Custos	684.306	699.040	807.112
Despesas	191.230	207.420	241.081

Por meio da regressão linear, projete os gastos para o próximo período.

5) Considerando os dados do exercício anterior, projete o orçamento consolidado para o próximo período.

Bibliografia

ATKINSON *et al*. **Contabilidade gerencial**. São Paulo: Atlas, 2000.

BRUNI, A.L.; FAMÁ, R. **Gestão de custos e formação de preços**. 5. ed. São Paulo: Atlas, 2008.

CHING, Y.C.; MARQUES, F.; PRADO, L. **Contabilidade & Finanças:** para não especialistas. 3. ed. São Paulo: Pearson Prentice Hall, 2010.

COMITÊ DE PRONUNCIAMENTOS CONTÁBEIS. **CPC 16 (R1)** – Estoques. Disponível em: <http://www.cpc.com.br/>. Acesso em: 6 abr. 2014.

DRUCKER, P.F. **Introdução à administração**. São Paulo: Thomson Learning, 2006.

FERRARI, E.L. **Contabilidade geral:** provas e concursos. 8. ed. Rio de Janeiro: Elsevier, 2008.

FERREIRA, R.J. **Contabilidade de custos**. Rio de Janeiro: Ferreira, 2007.

FRANCO, H. **Contabilidade Geral** (texto), 23. ed. São Paulo: Atlas, 1996.

FREZZATTI, F. **Orçamento empresarial:** planejamento e controle gerencial. 4. ed. São Paulo: Atlas, 2007.

GITMAN, L.J. **Princípios da administração financeira**. 2. ed. Porto Alegre: Bookman, 2001.

GOUVEIA, N. **Contabilidade**. São Paulo: McGraw-Hill, 2003.

HANSEN, D.R.; MOWEN, M.M. **Gestão de custos**. São Paulo: Atlas, 2001.

HORNGREN, G.T.; FOSTER, G.; DATAR, S.M. **Contabilidade de custos:** uma abordagem gerencial. 11. ed. São Paulo: Prentice Hall, 2004.

IUDÍCIBUS, S. de. **Contabilidade gerencial**. 4. ed. São Paulo: Atlas, 1987.

LEONE, G.S.G. **Custos, planejamento, implantação e controle**. 3. ed. São Paulo: Atlas, 2000.

LUNKES, R.J. **Manual de orçamento**. 7. ed. São Paulo: Atlas, 2009.

MAHER, M. **Contabilidade de custos:** criando valor para a administração. São Paulo: Atlas, 2001.

MARION, J.C. **Contabilidade básica**. 7. ed. São Paulo: Atlas, 2004.

MARTINS, E. **Contabilidade de custos**. 10. ed. São Paulo: Atlas, 2010.

MEGLIORINI, E. **Custos:** análise e gestão. 3. ed. São Paulo: Pearson Prentice Hall, 2012.

MOURA, O.R. **Contabilidade básica:** fácil. 27. ed. São Paulo: Saraiva, 2010.

PADOVEZE, C.L. **Contabilidade gerencial:** um enfoque em sistema de informação contábil. 4. ed. São Paulo: Atlas, 2004.

_____. **Controladoria estratégica e operacional.** São Paulo: Thomson Learning, 2003.

SELL, I. **Utilização da regressão linear como ferramenta de decisão na gestão de custos**. In: CONGRESSO BRASILEIRO DE CUSTOS, 12, 2005, Florianópolis. **Anais... Florianópolis:** Associação Brasileira de Custos, 2005. Disponível em: <http://www.abcustos.org.br/texto/viewpublic?ID_TEXTO=581>. Acesso em: 10 fev. 2014.

TUCH, D.L. **Controles gerenciais hoteleiros.** São Paulo: D. L. Tuch, 2001. Apostila.

WARREN, C.S.; REEVE, J.M.; FEES, P.E. **Contabilidade gerencial**. 2. ed. São Paulo: Thomson Learning, 2001.